红三叶种质资源描述
规范和数据标准

Descriptors and Data Standard for
Trifolium pretense L.

全国畜牧总站　编著

中国农业出版社

前　言

红三叶为豆科三叶草属短期多年生草本宿根植物，学名 *Trifolium pretense* L. ，红三叶共有二个倍性水平，二倍体和四倍体，即 $2n = 14$，$4n = 28$；$2n = 16$，$4n = 32$。

红三叶原产于小亚细亚与东南欧。据记载，早在 $3 \sim 4$ 世纪欧洲已有栽培，16 世纪传入西班牙、荷兰、德国；17 世纪中叶传入英国，而后传入美国和俄罗斯。现广泛分布于世界温带、亚热带地区，并成为重要的豆科牧草之一。在欧洲，最主要的栽培地区是斯堪的纳维亚半岛、芬兰、荷兰、德国和中欧，在北美，美国是主要栽培地区。我国新疆、湖北及西南地区有野生种分布，栽培种为 20 世纪 20 年代从国外引进的，已在西南、华中、华北南部、东北南部和新疆等地栽培，野生种也已试种成功。据报道，红三叶在我国湖北省西部山区已有 100 多年的栽培历史，恩施地区巴东红三叶分布面积达 10 余万亩。目前红三叶的栽培种已广泛分布在全国各省，云南省引种过 46 个品种。红三叶最适宜在我国亚热带高山低温多雨地区种植，它是我国长江流域以南较为重要的豆科牧草，同时也是燃料、纤维、绿肥和奶品加工等原料。

1997 年甘肃省草原总站对红三叶的三个品种进行了品种比较试验，对岷山红三叶、日本红三叶和新西兰红三叶 3 个品种在适应性和经济特性等方面的研究表明，3 种红三叶对兰州地区的气候和土壤都有较强的适应性，其中新西兰红三叶叶良丰富，鲜草产量达 87.10t/hm^2，在适宜种植红三叶地区有推广价值。

1997 年中国科学院自然资源综合考察委员会研究红三叶和鸭茅混播草地施肥优化模式，结果表明，在不同地区不同土壤肥力下，红三叶对施肥的反应情况是不一致的，磷肥对混播草地中红三叶的增产作用较为明显，最佳施氮肥量为 0.03～0.16t/hm^2，红三叶对氮肥的反应不是十分明显，红三叶和鸭茅产量与施氮肥量均呈指数关系。

1996 年杜占池等研究了不同利用期对四川巫溪县红池坝亚热带高海拔地区红三叶人工草地 11 种营养元素和积累速率的影响，结果表明，随着生育期的后移，氮、磷、钾、铜、锌含量通常逐渐下降，在相同生育期条件下，再生草与刈割比较，氮、磷、钾、铜、锌的含量较低，而钙的含量较高，在生长初期营养元素的平均积累速率较低，但随着利用期的推迟而逐渐升高，在现蕾—开花期利用，大多数元素的平均积累速率最高。

2002 年中国科学院地理所研究红三叶人工草地群

落营养元素积累量的分配与动态特征，结果表明，红三叶群落 5 种营养元素积累量的分配为：地上部＞地下部；叶＞茎＞花序。积累量动态曲线类型各元素地上部均为单峰型。

2004 年中国科学院地理所研究红三叶、鸭茅各生育期生物量和叶面积时空结构，结果表明，鸭茅下半部分生物量较大，红三叶各层分布较均匀，其上部分所占比例明显大于鸭茅；随着生育期的后移，生物量的差异愈加明显，鸭茅呈现下繁草的特性，红三叶则呈现上繁草特性。在现蕾期或孕蕾期前刈割可获得最大的光合生产效率。并在 2005 年进一步的研究表明，红三叶和鸭茅 20 种矿物元素含量和 4 类矿物元素间的相关性，以及 2 种植物间及地上部与地下部间同种矿质元素的相关性，建立了相应的回归方程式。

2005 年岷山草原站研究岷山红三叶的产地环境条件、生物学特性及栽培技术，并认为岷山红三叶是集饲用和药用价值为一体的优质豆科牧草。

目前，我国从国外引进红三叶有 90 多个品种。我国通过全国草品种审定委员会登记的红三叶有 3 个地方品种，即：巴东红三叶、岷山红三叶和巫溪红三叶。

规范标准是国家自然科技资源平台建设的基础，红三叶种质资源描述规范和数据标准的制定是国家牧草种质资源平台建设的重要内容。制定统一的红三叶种质资源规范标准，有利于整合全国红三叶种质资源，规范红三叶种质资源的收集、整理和保存等基础性工作，创造良好的资源和信息共享环境和条件；有利于保护和高效地利用红三叶种质资源，充分挖掘其潜在的经济、社会和生态价值，促进全国红三叶种质资源研究的有序和高效发展。

红三叶种质资源描述规范规定红三叶种质资源的描述符及其分级标准，以便对红三叶种质资源进行标准化整理和数字化表达。红三叶种质资源数据标准规定红三叶种质资源各描述符的字段名称、类型、长度、小数位、代码等，以便建立统一的、规范的红三叶种质资源数据库。红三叶种质资源数据质量控制规范规定红三叶种质资源数据采集全过程中的质量控制内容和质量控制方法，以保证数据的系统性、可比性和可靠性。

《红三叶种质资源描述规范和数据标准》由中国农业科学院北京畜牧兽医研究所主持编写，并得到本行业专家的大力支持和帮助。在编写过程中，查阅国内外大量相关文献，由于篇幅所限，书中仅列主要参考文献。由于编者水平有限，错误和疏漏之处在所难免，恳请批评指正。

编著者

2014 年 4 月 15 日

目 录

一、红三叶种质资源描述规范和数据标准制定的原则和方法

1　红三叶种质资源描述规范制定的原则和方法

1.1　原则

1.1.1　优先采用现有数据库中的描述符合描述标准。

1.1.2　以种质资源研究和育种需求为主，兼顾生产与市场需要。

1.1.3　立足我国现有基础，考虑将来发展，尽量与国际接轨。

1.2　方法和要求

1.2.1　描述符类别分为 6 类。

　　（1）基本信息

　　（2）形态特征和生物学特性

　　（3）品质特性

　　（4）抗逆性

　　（5）抗病性

　　（6）其他特征特性

1.2.2　描述符代号由描述符类别加两位顺序号组成，如"110"、"208"、"501"等。

1.2.3　描述符性质分为 3 类。

　　　　M　必选描述符（所有种质必须鉴定评价的描述符）

O 可选描述符（可选择鉴定评价的描述符）

C 条件描述符（只对特定种质进行鉴定评价的描述符）

1.2.4 描述符的代码应是有序的，如数量性状从细到粗、从低到高、从小到大、从少到多排列，颜色从浅到深，抗性从强到弱等。

1.2.5 每个描述符应有一个基本的定义或说明，数量性状应指明单位，质量性状应有评价标准和等级划分。

1.2.6 植物学形态描述符应附模式图。

1.2.7 重要数量性状应以数值表示。

2 红三叶种质资源数据标准制定的原则和方法

2.1 原则

2.1.1 数据标准中的描述符应与描述规范相一致。

2.1.2 数据标准应优先考虑现有数据库中的数据标准。

2.2 方法和要求

2.2.1 数据标准中的代号应与描述规范中的代号一致。

2.2.2 字段名最长 12 位。

2.2.3 字段类型分字符型（C）、数值型（N）和日期型（D）。日期型的格式为 YYYYMMDD。

2.2.4 经度的类型为 N，格式为 DDDFF；纬度的类型为 N，格式为 DDFF，其中 D 为度，F 为分；东经以正数表示，西经以负数表示；北纬以正数表示，南纬以负数表示。例如，"12125"代表东经 121°25′，"−10209"代表西经 102°9′；"3208"代表北纬 32°8′，"−2542"代表南纬 25°42′。

3 红三叶种质资源数据质量控制规范制定的原则和方法

3.1 采集的数据应具有系统性、可比性和可靠性。

3.2 数据质量控制以过程控制为主，兼顾结果控制。

3.3 数据质量控制方法应具有可操作性。

3.4 鉴定评价方法以现行国家标准和行业标准为首选依据；如无国家标准和行业标准，则以国际标准或国内比较公认的先进方法为依据。

3.5 每个描述符的质量控制应包括田间设计，样本数或群体大小，时间或时期，取样数和取样方法，计量单位、精度和允许误差，采用的鉴定评价规范和标准，采用的仪器设备，性状的观测和等级划分方法，数据校验和数据分析。

二、红三叶种质资源描述简表

序号	代号	描述符	描述符性质	单位或代码
1	101	全国统一编号	M	
2	102	种质库编号	M	
3	103	圃编号	M	
4	104	引种号	C/国外种质	
5	105	采集号	C/野生资源和地方品种	
6	106	种质名称	M	
7	107	种质外文名	M	
8	108	科名	M	
9	109	属名	M	
10	110	学名	M	
11	111	原产国	M	
12	112	原产省	M	
13	113	原产地	M	
14	114	地理分布	O	
15	115	来源地	M	
16	116	海拔	C/野生资源和地方品种	m
17	117	经度	C/野生资源和地方品种	

二、红三叶种质资源描述简表

(续)

序号	代号	描述符	描述符性质	单位或代码
18	118	纬度	C/野生资源和地方品种	
19	119	气候带	M	0：寒温带 1：中温带 2：暖温带 3：青藏高原
20	120	气候区	M	0：湿润区 1：半湿润区 2：半干旱区 3：干旱区 4：极端干旱区
21	121	年均温度	O	℃
22	122	年均降水量	O	mm
23	123	地形	O	0：平原 1：丘陵 2：山地 3：高原 4：盆地 5：宽谷 6：峡谷
24	124	生态系统类型	M	0：森林 1：灌丛 2：草地 3：荒漠 4：耕地 5：湿地
25	125	生境	M	
26	126	保存单位	M	
27	127	保存单位编号	M	
28	128	系谱	C/选育品种或品系	
29	129	选育单位	C/选育品种或品系	
30	130	育成年份	C/选育品种或品系	
31	131	选育方法	C/选育品种或品系	
32	132	种质类型	M	0：野生资源 1：地方品种 2：引进品种 3：选育品种 4：品系 5：遗传材料 6：其他

（续）

序号	代号	描述符	描述符性质	单位或代码
33	133	种质保存类型	M	0：种子 1：植株 2：花粉 3：DNA 4：其他
34	134	图象	M	
35	135	观测地点	M	
36	136	观测地海拔	M	m
37	137	观测地经度	M	
38	138	观测地纬度	M	
39	139	观测地年均温	M	℃
40	140	观测地最低气温	M	℃
41	141	观测地最高气温	M	℃
42	142	观测地年均降水量	M	mm
43	143	土壤类型	O	
44	144	土壤质地	M	0：沙土 1：沙壤土 2：壤土 3：黏壤土 4：黏土
45	145	土壤有机质含量	O	%
46	146	土壤pH	M	
47	147	种植方式	M	0：穴播 1：条播 2：撒播
48	148	田间施肥	M	文字描述施肥种类、施肥量及施肥方式
49	149	田间灌溉	M	文字描述灌溉次数和灌溉方式
50	201	根系入土深度	O	cm
51	202	物候类型	M	0：早熟型 1：晚熟型

（续）

序号	代号	描述符	描述符性质	单位或代码
52	203	生长年限	M	1：2～5 年　2：2～9 年
53	204	株高	O	cm
54	205	主茎分枝	O	个
55	206	茎形态	M	0：直立　1：平卧上升
56	207	茎颜色	M	0：青色　1：紫色环状条纹
57	208	茎被毛	O	0：无　1：疏生柔毛
58	209	叶面斑纹	O	0：白色 V 形斑纹　1：淡紫色 V 形斑纹
59	210	叶宽	M	cm
60	211	叶长	M	cm
61	212	小叶形态	M	0：卵状椭圆形　1：倒卵形　2：卵形
62	213	小叶被毛	O	0：无毛　1：长柔毛
63	214	小叶数	O	片
64	215	叶柄被毛	O	0：无　1：有
65	216	总花梗	O	0：无　1：有
66	217	花序形态	O	0：球状　1：卵状
67	218	花序着生方式	O	0：茎顶部　1：自叶腋处长出
68	219	花颜色	O	0：紫红色　1：淡紫色
69	220	花序长度	M	cm
70	221	旗瓣形态	O	0：微凹缺　1：先端圆形
71	222	萼齿长	O	0：近等长　1：下方 1 齿最长
72	223	每花序所含种子数	M	0：10 1：>10
73	224	种子形状	M	0：肾形　1：椭圆形　2：椭榄球形

（续）

序号	代号	描述符	描述符性质	单位或代码
74	225	种子颜色	M	0：褐黄色　1：紫色　2：棕黄色
75	226	种子长度	O	mm
76	227	种子宽度	O	mm
77	228	播种期	M	
78	229	出苗期	M	
79	230	返青期	M	
80	231	分枝期	M	
81	232	现蕾期	M	
82	233	开花期	M	
83	234	结荚期	M	
84	235	成熟期	M	
85	236	生育天数	M	
86	237	枯黄期	M	
87	238	生长天数	M	
88	239	再生性	M	0：良好　1：中等　2：较差
89	240	落粒性	O	0：不脱落　1：稍易脱落　2：极易脱落
90	241	千粒重	M	g
91	242	发芽势	O	%
92	243	发芽率	O	%
93	244	种子活力	O	%
94	245	种子寿命	O	0：短命　1：中命　2：长命
95	246	鲜草产量	O	kg/hm^2
96	247	干草产量	O	kg/hm^2
97	248	种子产量	O	kg/hm^2

（续）

序号	代号	描述符	描述符性质	单位或代码
98	249	茎叶比	O	%
99	301	粗蛋白含量	O	%
100	302	粗脂肪含量	O	%
101	303	粗纤维素含量	O	%
102	304	无氮浸出物含量	O	%
103	305	粗灰分含量	O	%
104	306	磷含量	O	%
105	307	钙含量	O	%
106	308	氨基酸含量	O	%
107	309	水分含量	O	%
108	310	茎叶质地	O	0：柔嫩　1：中等　2：粗硬
109	311	适口性	O	0：嗜食　1：喜食　2：乐食 3：采食　4：少食　5：不食
110	401	抗旱性	C	0：强　1：较强　2：中等　3：弱　4：最弱
111	402	抗寒性	C	0：强　1：较强　2：中等　3：弱　4：最弱
112	403	耐热性	C	0：强　1：较强　2：中等　3：弱　4：最弱
113	404	耐盐性	C	0：强　1：较强　2：中等　3：弱　4：最弱
114	501	花霉病抗性	O	0：高抗（HR）　1：抗病（R）2：中抗（MR）　3：感病（S）4：高感（HS）
115	502	北方炭疽病抗性	O	0：高抗（HR）　1：抗病（R）2：中抗（MR）　3：感病（S）4：高感（HS）

（续）

序号	代号	描述符	描述符性质	单位或代码
116	503	锈病抗性	O	0：高抗（HR）　　1：抗病（R） 2：中抗（MR）　　3：感病（S） 4：高感（HS）
117	504	白粉病抗性	O	0：高抗（HR）　　1：抗病（R） 2：中抗（MR）　　3：感病（S） 4：高感（HS）
118	601	利用方式	O	0：鲜草　1：干草　2：青贮
119	602	染色体倍数	O	0：二倍体　1：四倍体
120	603	核型	O	
121	604	指纹图谱与分子标记	O	
122	605	备注		

三、红三叶种质资源描述规范

1 范围

本标准规定了红三叶种质资源的描述符及其分级标准。

本标准适用于红三叶种质资源的收集、整理和保存，数据标准和数据质量控制规范的制定，以及数据库和信息共享网络系统的建立。

2 规范性引用文件

下列文件中的条款通过本标准的引用而成为本规范的条款。凡是注明日期的引用文件，其随后所有的修改单（不包括勘误的内容）或修订版均不适用于本规范，然而，鼓励根据本标准达成协议的各方研究研究是否可使用这些标准的最新版本。凡是不注明日期的引用文件，其最新版本适用于本规范。

ISO 3166　　　　　Codes for the Representation of Names of Countries

GB/T 2659　　　　世界各国和地区名称代码

GB/T 2260　　　　中华人民共和国行政区划代码

GB/T 12404　　　单位隶属关系代码

GB 3543　　　　　农作物种子检验规程

GB/T 2930.1～2930.11－2001　　牧草种子检验规程

GB/T 6432—1994　　饲料中粗蛋白测定方法

GB/T 6433—1994　　饲料粗脂肪测定方法

GB/T 6434—1994　　饲料中粗纤维测定方法

GB/T 6438—1992　　饲料中粗灰分的测定方法

GB/T 6437—2002　　饲料中总磷的测定分光光度法

GB/T 6436—2002　　饲料中钙的测定方法

GB/T 18246—2000　　饲料中氨基酸的测定

GB/T 6435—1986　　饲料水分的测定方法

GB/T 8170—1987　　数值修约规则

ISTA　　　　　　　　国际种子检验规程

3　术语和定义

3.1　红三叶

豆科（Leguminosae）三叶草属（*Trifolium* L.），为短期多年生草本宿根植物。红三叶共有 2 个倍性水平，二倍体和四倍体，即 2n＝14，4n＝28；2n＝16，4n＝32。

3.2　红三叶种质资源

红三叶种质资源是经过长期自然选择和人工培育而成的有生命的可再生自然资源。包括红三叶野生资源、地方品种、选育品种、品系、国外引进品种、特殊遗传材料等。

3.3　基本信息

红三叶种质资源基本情况描述信息，包括全国统一编号、种质名称、学名、原产地、种质类型等。

3.4　形态特征和生物学特性

红三叶种质资源的物候期、植物学形态、产量性状等特征特性。

3.5 品质性状

红三叶种质资源的营养成分、质地和适口性。营养成分包括粗蛋白含量、粗脂肪含量、粗纤维含量、无氮浸出物、粗灰分含量、钙磷含量、氨基酸含量等；质地包括茎、叶柔软性等；适口性指牲畜对红三叶的嗜食程度。

3.6 抗逆性

红三叶种质资源对各种非生物胁迫的适应或抵抗能力，包括抗旱性、抗寒性、耐热性、耐盐性等。

3.7 抗病性

红三叶种质资源对各种生物胁迫的适应或抵抗能力，包括花霉病、北方炭疽病、锈病、白粉病。

3.8 红三叶的生育周期

分为出苗（返青）期、分枝期、现蕾期、开花期、结荚期和成熟期。从种子萌发后的幼苗露出地面达 50% 为出苗期。有 50% 的幼苗长出侧枝为分枝期。50% 的植株在茎上出现第一个花蕾时为现蕾期。10% 的植株开花为初开花期，80% 的植株开花为盛花期。成熟期为 80% 以上的种子坚硬为完熟期。

4 基本信息

4.1 全国统一编号

种质的唯一标志号，红三叶种质资源的全国统一编号由"CT"（代表 China trifolium 1.）加 6 位顺序号组成。

4.2 种质库编号

红三叶种质在国家农作物种质资源长期库的编号，由"I7B"加 5 位顺序号组成。

4.3 圃编号

种质在国家多年生和无性繁殖圃的编号。牧草圃种质编号为"GPMC"加 4 位顺序号组成。

4.4 引种号

红三叶种质从国外引入时赋予的编号。

4.5 采集号

红三叶种质在野外采集时赋予的编号。

4.6 种质名称

红三叶种质的中文名称。

4.7 种质外文名

国外引进种质的外文名或国内种质的汉语拼音名。

4.8 科名

豆科（Leguminosae）。

4.9 属名

三叶草属（*Trifolium.*）。

4.10 学名

红三叶（*Trifolium pretense* L.）。

4.11 原产国

红三叶种质原产国家名称、地区名称或国际组织名称。

4.12 原产省

国内红三叶种质的原产省份名称；国外引进种质原产国家一级行政区的名称。

4.13 原产地

国内红三叶种质的原产县、乡、村名称。

4.14 地理分布

红三叶种质的地理分布。

4.15 来源地

国外引进红三叶种质的来源国家名称、地区名称或国际组织名称；国内种质的来源省、县名称。

4.16 海拔

红三叶种质原产地的海拔，单位为 m。

4.17 经度

红三叶种质原产地的经度，单位为（°）和（′）。格式为 DDDFF，其中 DDD 为度，FF 为分。

4.18 纬度

红三叶种质原产地的纬度，单位（°）和（′）。格式为 DDFF，其中 DD 为度，FF 为分。

4.19 气候带

红三叶种质原材料的产地或采集地所属气候带。以大气温度指标划分 4 个带。

0 寒温带

1 中温带

2 暖温带

3 青藏高原

4.20 气候区

红三叶种质原材料的产地或采集地所属气候区。以大气水分指标划分为 5 个气候区。

0 湿润区

1 半湿润区

2 半干旱区

3 干旱区

4 极端干旱区

4.21 年均温度

红三叶种质材料原产地的年平均温度。单位为℃。

4.22 年均降水量

红三叶种质材料原产地的年平均降水量。单位为 mm。

4.23 地形

红三叶种质原材料的产地或采集地的地形。

0 平原

1 丘陵

2 山地

3 高原

4 盆地

5 宽谷

6 峡谷

4.24 生态系统类型

红三叶种质原材料采集地所属生态系统。

0 森林

1 灌丛

2 草地

3 荒漠

4 耕地

5 湿地

4.25 生境

红三叶种质原材料采集地的小环境。如"湖盆边缘"、"河漫滩草甸"、"石质山坡"、"田埂"、"路边"、"庭院"等。

4.26 保存单位

红三叶种质提交国家农作物种质资源长期库前的原保存

单位名称。

4.27 保存单位编号

红三叶种质在原保存单位中的种质编号。

4.28 系谱

红三叶选育品种（系）的亲缘关系。

4.29 选育单位

选育红三叶品种（系）的单位名称或个人。

4.30 育成年份

红三叶品种（系）培育成功的年份。

4.31 选育方法

红三叶品种（系）的育种方法。

4.32 种质类型

红三叶种质类型分为 7 类。

0 野生资源

1 地方品种

2 引进品种

3 选育品种

4 品系

5 遗传材料

6 其他

4.33 种质保存类型

红三叶种质保存类型分为 5 类。

0 种子

1 植株

2 花粉

3 DNA

4 其他

4.34 图象

红三叶种质的图象文件名。图象格式为 .jpg。

4.35 观测地点

红三叶种质形态特征和生物学特性观测地点的名称。

4.36 观测地海拔

红三叶种质观测地的海拔，单位为 m。

4.37 观测地经度

红三叶种质观测地的经度，单位为（°）和（′）。格式为 DDDFF，其中 DDD 为度，FF 为分。

4.38 观测地纬度

红三叶种质观测地的纬度，单位为（°）和（′）。格式为 DDFF，其中 DD 为度，FF 为分。

4.39 观测地年均温

观测地点的年平均温度。单位为℃。

4.40 观测地最低气温

观测地点最冷月的最低气温。单位为℃。

4.41 观测地最高气温

观测地点最热月的最高气温。单位为℃。

4.42 观测地年均降水量

观测地点的年平均降水量。单位为 mm。

4.43 土壤类型

红三叶种质原产地或采集地的土壤类型。

4.44 土壤质地

田间小区的土壤质地。

0 沙土

1　沙壤土

2　壤土

3　黏壤土

4　黏土

4.45　土壤有机质含量

田间小区土壤有机质含量。单位为％。

4.46　土壤 pH 值

田间小区土壤 pH 值。

4.47　种植方式

红三叶种质材料在试验小区种植或移植方式。包括：穴播（穴播或移栽）、条播和撒播。

4.48　田间施肥

红三叶种质在田间评价期间，施肥方式、施肥种类、施肥量、施肥次数。

4.49　田间灌溉

红三叶种质在田间评价期间，灌溉方式、灌溉次数。

5　形态特征和生物学特性

5.1　根系入土深度

开花期，植株根系的入土深度，单位为 cm。

5.2　物候类型

红三叶按生育期一般分为 2 类。

0　早熟型

1　晚熟型

5.3　生长年限

红三叶的生长年限一般分为 2 类。

0 2~5 年

1 2~9 年

5.4 株高

开花期，红三叶从地面至植株的最高部位的绝对高度，单位为 cm。

5.5 主茎分枝

开花期，红三叶的主茎分枝数，单位为个。

5.6 茎形态

开花期，茎的生长形态（见图 1）。

0 直立

1 平卧上升

0   1

图 1 茎形态

5.7 茎颜色

开花期，植株茎节的颜色。

0 青色

1 紫色环状条纹

5.8 茎被毛

开花期，植株茎被毛的有无（见图 2）。

0 无

1 有

0　　　　　　　　　　　　　　1

图 2　茎被毛

5.9　叶面斑纹

开花期，红三叶叶表面有明显的斑纹。

0　白色 V 形斑纹

1　淡紫色 V 形斑纹

5.10　叶宽

开花期，植株中部叶片最宽处的绝对长度。单位为 cm。

5.11　叶长

开花期，茎中部最大叶片基部至叶先端的长度。单位为 cm。

5.12　小叶形态

开花期，红三叶主茎中部或中部分枝上叶片的形态。

0　卵状椭圆形

1　倒卵形

2　卵形

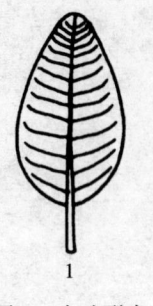

0　　　　　　　　　1　　　　　　　　　2

图 3　小叶形态

5.13　小叶被毛

开花期，红三叶主茎中部或中部分枝上小叶被毛的有无（见图 4）。

　　0　无毛

　　1　长柔毛

0　　　　　　　　　　　　　1

图 4　小叶被毛

5.14　小叶数

开花期，红三叶主茎中部或中部分枝上的小叶数，单位为片。

5.15　叶柄被毛

开花期，主茎中部或中部分枝叶柄被毛的有无（见图 5）。

0　无

1　有

图 5　叶柄被毛

5.16　总花梗

开花期，主茎中部或中部分枝上花序总花梗的有无。

0　无

1　有

5.17　花序类型

开花期，主茎中部或中部分枝上的花序类型分为 2 种（见图 6）。

0　球状

1　卵状

图 6　花序形态

5.18　花序着生部位

开花期，主茎中部或中部分枝上的花序着生部位。

0　茎顶部

1　自叶腋处长出

5.19　花颜色

开花期，主茎中部或中部分枝上花序中部小花的颜色。

0　紫红色

1　淡紫色

5.20　花序长度

开花期，主茎中部或中部分枝上的花序中部小花的长度，单位 cm。

5.21　旗瓣形态

开花期，主茎中部或中部分枝上花序中部小花旗瓣的形态（见图 7）。

0　微凹缺

1　先端圆形

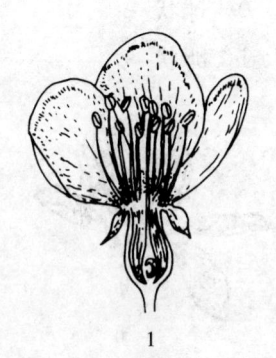

0　　　　　　　　　　　　　　1

图 7　旗瓣形态

5.22 萼齿长

开花期，主茎中部或中部分枝上萼齿的长短。

0　近等长

1　下方 1 齿最长

5.23 每花序所含种子数

完熟期，主茎中部或中部分枝上单个花序所含种子数目，单位：粒。

0　10

1　＞10

5.24 种子形状

完熟期，主茎中部或中部分枝上花序中部种子的形态（见图 8）。

0　肾形

1　椭圆形

2　橄榄球形

0　　　　　　　　　　1　　　　　　　　　　2

图 8　种子形状

5.25 种子颜色

完熟期，主茎中部或中部分枝上花序中部种子的颜色。

0　褐黄色

1　紫色

2　棕黄色

5.26　种子长度

完熟期，主茎中部或中部分枝上花序中部种子的长度，单位为 mm。

5.27　种子宽度

完熟期，主茎中部或中部分枝上花序中部种子的长度，单位为 mm。

5.28　播种期

不同地区红三叶适宜播种日期，以"年　月　日"表示，格式为"YYYMMDD"。

5.29　出苗期

指红三叶种子萌发出土的日期。鉴定的标准是在播种小区内有 50% 的幼苗露出地面时，即为出苗期。以"年　月　日"表示，格式"YYYMMDD"。

5.30　返青期

红三叶越冬或越夏以后的植株重新生长称返青，也可称生理再生，一般以 50% 的植株返青时为返青期。以"年　月　日"表示，格式"YYYMMDD"。

5.31　分枝期

红三叶 50% 的植株长出侧枝的时期叫分枝期。以"年　月　日"表示，格式"YYYMMDD"。

5.32　现蕾期

红三叶 50% 的植株有花蕾出现为现蕾期。以"年　月　日"表示，格式"YYYMMDD"。

5.33　开花期

红三叶 10% 的植株开花为初期，80% 为盛期。以"年

月　日"表示，格式"YYYMMDD"。

5.34　结荚期

红三叶50％的植株有荚果出现为结荚期。以"年　月　日"表示，格式"YYYMMDD"。

5.35　成熟期

由受精至种子完全成熟叫成熟期。以"年　月　日"表示，格式"YYYMMDD"。

5.36　生育天数

由春季萌发到种子完全成熟，这一时期叫做牧草的生育天数。单位为天。

5.37　枯黄期

50％的植株茎叶枯黄或者失去生活机能的时期。以"年　月　日"表示，格式"YYYMMDD"。

5.38　生长天数

从返青期到枯黄的天数叫生长天数。单位为天。

5.39　再生性

被刈割或放牧利用后重新恢复绿色株丛的能力叫做再生性。再生性的好坏、强弱是牧草生活力的一种表现，也是衡量其经济特性的一项重要指标。衡量标准一般是以再生速度、再生次数和再生草产量等 3 个指标来测定的。可分为 3 类。

　　0　良好

　　1　中等

　　2　较差

5.40　落粒性

种子从其母株上散落的性能。可分 3 级。

0 不脱落

1 稍易脱落

2 极易脱落

5.41 千粒重

一定水分条件下 1000 粒完整种子的绝对重量，单位用"g"表示。

5.42 发芽势

牧草种子在发芽检测初期规定的天数内，正常发芽的种子数占供试种子的百分比。以％表示。发芽势的高低反映出种子生活力（Viability）的强弱和发芽出苗的整齐度。

计算公式如下：

$$发芽势（\%）=\frac{规定天数内全部正常种苗数}{供试种子数}\times100$$

5.43 发芽率

在实验室控制及标准条件下对种子发芽率进行检测，至发芽终期全部正常发芽的种子数占供试种子的百分比。以％表示。

$$发芽率（\%）=\frac{发芽终期全部正常种苗数}{供试种子数}\times100$$

5.44 种子活力

牧草种子发芽潜力或种子胚所具有的生命力。以％表示。

5.45 种子寿命

在一定环境条件下种子生活力保持的期限。分为 3 类。

0 短命

1 中命

2 长命

5.46 鲜草产量

在单位面积上的鲜草产量，以 kg/hm^2 表示。

5.47 干草产量

在单位面积上的干草产量，以 kg/hm^2 表示。

5.48 种子产量

在单位面积上的种子产量，以 kg/hm^2 表示。

5.49 茎叶比

整株重量中其茎叶之重所占的比例，以％表示。

茎（叶）百分比＝茎（叶）鲜重／（茎＋叶）鲜重

6 品质特性

6.1 粗蛋白质含量

某个生育期粗蛋白质占其干物质的比例，用"％"表示。

6.2 粗脂肪含量

某个生育期粗脂肪占其干物质的比例，用"％"表示。

6.3 粗纤维含量

某个生育期粗纤维占其干物质的比例，用"％"表示。

6.4 无氮浸出物含量

红三叶样品中无氮浸出物含量的计算方法为：从 100％ 的干物质中减去水分、粗蛋白质、粗脂肪、粗纤维、粗灰分的百分含量之和。以％表示。

6.5 粗灰分含量

某个生育期粗灰分占其干物质的比例，用"％"表示。

6.6 磷含量

某个生育期磷占其干物质的比例，用"％"表示。

6.7 钙含量

某个生育期钙占其干物质的比例，用"％"表示。

6.8 氨基酸含量

某个生育期氨基酸占其干物质的比例，用"％"表示。

6.9 水分含量

某个生育期鲜样或风干样品中的水分含量，用"％"表示。

6.10 茎叶质地

茎、叶柔软性用感官测试，分3级。

0 柔嫩

1 中等

2 粗硬

6.11 适口性

牲畜对红三叶的嗜食程度。根据采食状况，可分为6个等级。

0 嗜食

1 喜食

2 乐食

3 采食

4 少食

5 不食

7 抗逆性

7.1 抗旱性

植株忍耐或抵抗干旱的能力。分为5级。

0 强

1 较强

2 中等

3 弱

4 最弱

7.2 抗寒性

红三叶忍耐或抵抗低温或寒冷的能力。分为 5 级。

0 强

1 较强

2 中等

3 弱

4 最弱

7.3 耐热性

红三叶植株忍耐或抵抗高温的能力。分为 5 级。

0 强

1 较强

2 中等

3 弱

4 最弱

7.4 耐盐性

红三叶对土壤中盐碱类物质的忍受能力。分为 5 级。

0 强

1 较强

2 中等

3 弱

4 最弱

8 抗病性

8.1 花霉病抗性

红三叶植株花霉病（*B. trifolii* Beyma Thoe Kingma）的抗性强弱。抗性分为 5 级。

0 高抗（HR）

1 抗病（R）

2 中抗（MR）

3 感病（S）

4 高感（HS）

8.2 北方炭疽病抗性

红三叶植株对北方炭疽病（*Kabatiella caulivora* Karak）的抗性强弱。抗性分为 5 级。

0 高抗（HR）

1 抗病（R）

2 中抗（MR）

3 感病（S）

4 高感（HS）

8.3 锈病抗性

红三叶植株对锈病（*Puccinia graminis*）的抗性强弱。抗性分为 5 级。

0 高抗（HR）

1 抗病（R）

2 中抗（MH）

3 感病（S）

4 高感（HS）

8.4　白粉病抗性

红三叶植株对白粉病（*Erysiphe graminis*）的抗性强弱。抗性分为 5 级。

0　高抗（HR）

1　抗病（R）

2　中抗（MR）

3　感病（S）

4　高感（HS）

9　其他特征特性

9.1　利用方式

红三叶利用方式可分为 3 类。

0　鲜草

1　干草

2　青贮

9.2　染色体倍数

红三叶染色体倍数分为 2 种。

0　二倍体

1　四倍体

9.3　核型

表示染色体的数目、大小、形态和结构特征的公式。

9.4　指纹图谱与分子标记

红三叶种质指纹图谱和重要性状的分子标记类型及其特征参数。

9.5　备注

红三叶种质特殊描述符或特殊代码的具体说明。

四、红三叶种质资源数据标准

序号	代号	描述符	字段名	字段英文名	字段类型	字段长度	字段小数位	单位	代码	代码英文名	例子
1	101	全国统一编号	统一编号	Accession number	C	8					CT000002
2	102	种质库编号	库编号	Genebank number	C	8					17B02001
3	103	圃编号	圃编号	Nursery number	C	8					GPMC3333
4	104	引种号	引种号	Introduction number	C	8					20050825
5	105	采集号	采集号	Collecting number	C	10					2005JND6
6	106	种质名称	种质名称	Accession name	C	30					红三叶

序号	代号	描述符	字段名	字段英文名	字段类型	字段长度	字段小数位	单位	代码	代码英文名	例子
7	107	种质外文名	种质外文名	Alien name	C	40					
8	108	科名	科名	Family	C	30					Leguminosae（豆科）
9	109	属名	属名	Genus	C	40					*Trifolium* L.（三叶草属）
10	110	学名	学名	Species	C	50					*Trifolium pretense* L. Red Clover（红三叶）
11	111	原产国	国家	Country of origin	C	16					加拿大
12	112	原产省	省	Province of origin	C	6					
13	113	原产地	原产地	Origin	C	20					加拿大

四、苜蓿种质资源数据标准

（续）

序号	代号	描述符	字段名	字段英文名	字段类型	字段长度	字段小数位	单位	代码	代码英文名	例子
14	114	地理分布	地理分布	Geographical distribution	C	20					海洋性气候的地区
15	115	来源地	来源地	Sample source	C	24					中畜所
16	116	海拔	海拔	Elevation	N	5	0	m			
17	117	经度	经度	Longitude	N	6	0				
18	118	纬度	纬度	Latitude	N	5	0				
19	119	气候带	气候带	Climate zone	C	6			0: 寒温带 1: 中温带 2: 暖温带 3: 青藏高原	0: Cool temperate zone 1: Temperate zone 2: Warm temperate zone 3: Qinghai tibet plateau	中温带

（续）

序号	代号	描述符	字段名	字段英文名	字段类型	字段长度	字段小数位	单位	代码	代码英文名	例子
20	120	气候区	气候区	Climate region	C	10			0：湿润区 1：半湿润区 2：半干旱区 3：干旱区 4：极端干旱区	0：Humid region 1：Subhumid region 2：Semiarid regiong 3：Arid region 4：Extreme arid region	半湿润区
21	121	年均温度	年均温度	Annual average temperature	N	4	1	℃			
22	122	年均降水量	年均降水量	Annual average pericipitation	N	4	0	mm			
23	123	地形	地形	Topography	C	4			0：平原 1：丘陵 2：山地 3：高原 4：盆地 5：宽谷 6：峡谷	0：Plain 1：Hill 2：Mountain 3：Plateau 4：Basin 5：Wide valley 6：Canyon	平原

（续）

序号	代号	描述符字段名	字段英文名	字段类型	字段长度	字段小数位	单位	代码	代码英文名	例子
24	124	类型 生态系统	生态系类型	Ecosystem	C	4		0：森林 1：灌丛 2：草地 3：荒漠 4：耕地 5：湿地	0：Forest 1：Scrub 2：Grassland 3：Desert 4：Cultivated land 5：Wetland	草地
25	125	生境	生境	Habitat	C	10				路边
26	126	保存单位	保存单位	Donor institute	C	40				中畜所
27	127	保存单位编号	单位编号	Donor accession number	C	10				00012
28	128	系谱	系谱	Pedigree	C	70				红三叶瑞典晚熟
29	129	选育单位	选育单位	Breeding institute	C	40				加拿大阿尔伯塔大学
30	130	育成年份	育成年份	Releasing year	N	4				1919

（续）

序号	代号	描述符	字段名	字段英文名	字段类型	字段长度	字段小数位	单位	代码	代码英文名	例子
31	131	选育方法	选育方法	Breeding methods	C	20					系选
32	132	种质类型	种质类型	Biological status of accession	C	8			0：野生资源 1：地方品种 2：选育品种 3：品系 4：遗传材料 5：其他	0：Wild 1：Traditional cultivar/landrace 2：Advanced / improved cultivar 3：Breeding line 4：Genetic stocks 5：Other	选育品种
32	133	种质保存类型	种质保存类型	Germplasm preservation types	C	4			0：种子 1：植株 2：花粉 3：DNA 4：其他	0：Seed 1：Plant 2：Pollen 3：DNA 4：Others	种子
34	134	图象	图象	Image file name	C	30					Trifolium.1jpg

（续）

序号	代号	描述符	字段名	字段英文名	字段类型	字段长度	字段小数位	单位	代码	代码英文名	例子
35	135	观测地点	观测地点	Observation location	C	16					北京
36	136	观测地海拔	观测地海拔	Elevation of observation location	N	5		m			50
37	137	观测地经度	观测地经度	Longitude of observation location	N	6					西经10670
38	138	观测地纬度	观测地纬度	Latitude of observation location	N	5					北纬5220
39	139	观测地年均温	观测地年均温	Annual average temperature of planting site	N	4	1	℃			2.1
40	140	观测地最低气温	观测地最低气温	Lowest temperature of planting site	N	5	1	℃			—24.2

（续）

序号	代号	描述符	字段名	字段英文名	字段类型	字段长度	字段小数位	单位	代码	代码英文名	例子
41	141	观测地最高气温	观测地最高气温	Highest temperature of planting site	N	4	1	℃			35.7
42	142	观测地年均降水量	观测地年均降水量	Annual average percipitation of planting site	N	4	0	mm			650
43	143	土壤类型	土壤类型	Soil type	C	10			0：沙土 1：沙壤土 2：壤土 3：黏壤土 4：黏土	0：Sandy 1：Sandy loam 2：Loam 3：Clay loam 4：Clay	栗钙土
44	144	土壤质地	土壤质地	Soil texture of planting site	C	6					壤土
45	145	土壤有机质含量	土壤有机质含量	Organic matter content of planting site	N	4	2	%			0.6～1.0

序号	代号	描述符	字段名	字段英文名	字段类型	字段长度	字段小数位	单位	代码	代码英文名	例子
46	146	土壤pH	土壤pH值	Soil pH of planting site	N	3	1				6.5～8.5
47	147	种植方式	种植方式	Type of planting	C	4			0：穴播 1：条播 2：撒播	0: Spaced single 1: Rows 2: Broad casting	条播
48	148	田间施肥	田间施肥	Fertiliza- tion	C	30					尿肥2 2500 kg/hm²追肥 300kg/hm² 磷酸二铵
49	149	田间灌溉	田间灌溉	Irrigation	C	30					分别于分蘖、拔节和抽穗期各灌1水水
50	201	根系入土深度	根系入土深度	Depth of root inside soil	N	4	1	cm			110

序号	代号	描述符	字段名	字段英文名	字段类型	字段长度	字段小数位	单位	代码	代码英文名	例子
51	202	物候类型	物候类型	Control the growing period assort	C	6			0: 早熟型 1: 晚熟型	0: Precocitytype 1: Late mature type	早熟型
52	203	生长年限	生长年限	Growth service life	C	4			0: 2~5年 1: 2~9年	0: 2~5年 1: 2~9年	4年
53	204	株高	株高	Plant height	N	2		cm			75
54	205	主茎分枝	主茎分枝	Branch	N	2		个			15
55	206	茎形态	茎形态	Shape of stem	C	8			0: 直立 1: 平卧上升	0: Straight 1: Horizontal position ascend	直立
56	207	茎颜色	茎颜色	Stem color	C	12			0: 青色 1: 紫色环状条纹	0: Cyan 1: Purple with annular list	青色
57	208	茎被毛	茎被毛	Stem in hauml	C	2			0: 无 1: 有	0: Non 1: Existing	有

（续）

四、大豆种质资源数据库

（续）

序号	代号	描述符字段名	字段英文名	字段类型	字段长度	字段小数位	单位	代码	代码英文名	例子
58	209	叶面斑纹	The fleck in leaf surface	C	14			0: 白色形 V 形斑纹 1: 淡紫色 V 形斑纹	0: White fleck with V 1: Lilac fleck with V	白色 V 形斑纹
59	210	叶宽	Broad of leaf	N	3	1	cm			1.2
60	211	叶长	Length of leaf	N	3	1	cm			2.5
61	212	小叶形态	Shape of leaf	C	10			0: 卵状椭圆形 1: 倒卵形 2: 卵形	0: Egg with ellipse 1: Bird egg shape 2: Egg shape	倒卵形
62	213	小叶被毛	Leaf of wei in	C	6			0: 无毛 1: 长柔毛	0: Non 1: Villus	无毛
63	214	小叶数	Leaf count	N	1		片			3
64	215	叶柄被毛	Hair of stalk	C	2			0: 无 1: 有	0: Non 1: Existing	无

（续）

序号	代号	描述符	字段名	字段英文名	字段类型	字段长度	字段小数位	单位	代码	代码英文名	例子
65	216	总花梗	总花梗	Bennt	C	2			0：无 1：有	0：Non 1：Existing	无
66	217	花序形态	花序形态	The form of anthotaxy	C	4			0：球状 1：卵状	0：Globular 1：Egg shape	球状
67	218	花序着生部位	花序着生部位	The way of anthotaxy	C	12			0：茎顶部 1：自叶腋处长出	0：The top of stem 1：From the axil	茎顶部
68	219	花颜色	花颜色	The color of anadem	C	6			0：紫红色 1：淡紫色	0：Claret 1：Lilac	淡紫色
69	220	花序长度	花序长	The length of anthotaxy	N	3	1	cm			2.4
70	221	旗瓣形态	旗瓣形态	Shape of banner	C	8			0：微凹缺 1：先端圆形	0：Gap 1：Cricular	微凹缺
71	222	萼齿长	萼齿长	Tine length of calyx	C	12			0：近等长 1：下方1齿最长	0：Equal length 1：Calgxisfurther length than others	近等长

四、甘草种质资源数据库

（续）

序号	代号	描述符	字段名	字段英文名	字段类型	字段长度	字段小数位	单位	代码	代码英文名	例子
72	223	每花序所含种子数	每花序所含种子数	Each anthotaxy contain seed number	N	3			0: 10 1: >10		10
73	224	种子形状	种子形状	Seed shape	C	8			0: 肾形 1: 椭圆形 2: 橄榄球形	0: Reniform 1: Ellipse 2: Olive sphere	肾形
74	225	种子颜色	种子颜色	Seed color	N	6			0: 褐黄色 1: 紫色 2: 棕黄色	0: Brown yellow 1: Purple 2: Nankeen	棕黄色或紫色
75	226	种子长度	种子长度	Seed length	N	3	1	mm			0.1
76	227	种子宽度	种子宽度	Seed width	N	4	2	mm			0.09
77	228	播种期	播种期	Seeding time	D	8					20050825
78	229	出苗期	出苗期	Seeding stage	D	8					20050902

（续）

序号	代号	描述符	字段名	字段英文名	字段类型	字段长度	字段小数位	单位	代码	代码英文名	例子
79	230	返青期	返青期	Recovery of growth	D	8					20060401
80	231	分枝期	分枝期	Branch stage	D	8					20050920
81	232	现蕾期	现蕾期	Present bud stage	D	8					20060605
82	233	开花期	开花期	Bud stage	D	8					20060620
83	234	结荚期	结荚期	Pod period	D	8					20060701
84	235	成熟期	成熟期	Florescence	D	8					20060705
85	236	生育天数	生育天数	Mature period	N	3		天			106
86	237	枯黄期	枯黄期	Withered and yellow stage	D	8		天			20051128

（续）

序号	代号	描述符	字段名	字段英文名	字段类型	字段长度	字段小数位	单位	代码	代码英文名	例子
87	238	生长天数	生长天数	Growth period	N	3		天			238
88	239	再生性	再生性	Regeneration	C	4			0: 良好 1: 中等 2: 较差	0: Well 1: Intermeediate 2: relatively poor	良好
89	240	落粒性	落粒性	Threshing	C	8			0: 不脱粒 1: 稍易脱粒 3: 极易脱粒	0: Light 1: Slight 2: Extremely	稍易脱粒
90	241	千粒重	千粒重	1000-kernel weight	N	4	2	g			1.5
91	242	发芽势	发芽势	Germination energy	N	5	1	%			88
92	243	发芽率	发芽率	Germination rate	N	5	1	%			94
93	244	种子活力	种子活力	Viability	N	5	1	%			98

（续）

序号	代号	描述符	字段名	字段英文名	字段类型	字段长度	字段小数位	单位	代码	代码英文名	例子
94	245	种子寿命	种子寿命	Seed longevity	C	4			0：短命 1：中命 2：长命	0: Short-lived 1: Medium-lived 2: Long-lived	短命
95	246	鲜草产量	鲜草产量	Yield	N	7	1	kg/hm²			16292
96	247	干草产量	干草产量	Hay yield	N	7	1	kg/hm²			7000
97	248	种子产量	种子产量	Seed yield	N	6	1	kg/hm²			200
98	249	茎叶比	茎叶比	Stem/Leaf	N	4	1	%			46
99	301	粗蛋白含量	粗蛋白	Crude protein content	N	6	2	%			15.89
100	302	粗脂肪含量	粗脂肪	Crude fat content	N	6	2	%			17.71
101	303	粗纤维素含量	粗纤维素	Crude fiber content	N	6	2	%			3.6

四、三十年国家牧草种质资源数据库标准

（续）

序号	代号	描述符	字段名	字段英文名	字段类型	字段长度	字段小数位	单位	代码	代码英文名	例子
102	304	无氮浸出物含量	无氮浸出物含量	Non nitrogen extract content	N	6	2	%			47.6
103	305	粗灰分含量	粗灰分	Crude ash content	N	6	2	%			10.2
104	306	磷含量	磷	Phosphorus content	N	6	3	%			0.33
105	307	钙含量	钙	Calcium content	N	6	2	%			1.29
106	308	氨基酸含量	氨基酸	Amino acid content	N	6	2	%			0.23
107	309	水分含量	水分	Water content	N	6	2	%			3.57
108	310	茎叶质地	茎叶质地	Structure	C	4			0：柔嫩 1：中等 2：粗硬	0：Epicormic 1：Intermediate 2：Coarse	柔嫩

（续）

序号	代号	描述符	字段名	字段英文名	字段类型	字段长度	字段小数位	单位	代码	代码英文名	例子
109	311	适口性	适口性	Palatabili-ty	C	4			0: 嗜食 1: 喜食 2: 乐食 3: 采食 4: 少食 5: 不食	0: Be addictek to eating 1: Eatingfesst 2: Happy to eat-ing 3: Pick 4: Little 5: Not eating	喜食
110	401	抗旱性	抗旱性	Drought resistance	C	4			0: 强 1: 较强 2: 中等 3: 弱 4: 最弱	0: Tolerant 1: Minor tolerant 2: Intermidiate 3: Weak 4: Terrible weak	弱
111	402	抗寒性	抗寒性	Tolerance-to frost	C	4			0: 强 1: 较强 2: 中等 3: 弱 4: 最弱	0: Tolerant 1: Minor tolerant 2: Intermidiate 3: Weak 4: Very weak	弱

（续）

序号	代号	描述符	字段名	字段英文名	字段类型	字段长度	字段小数位	单位	代码	代码英文名	例子
112	403	耐热性	耐热性	Heat endurance	C	4			0: 强 1: 较强 2: 中等 3: 弱 4: 最弱	0: Tolerant 1: Minor tolerant 2: Intermidiate 3: Weak 4: Very weak	中等
113	404	耐盐性	耐盐性	Salinity tolerant	C	4			0: 强 1: 较强 2: 中等 3: 弱 4: 最弱	0: Tolerant 1: Minor tolerant 2: Intermidiate 3: Weak 4: Very weak	中等
114	501	花霉病抗性	花霉病	Resistance to B. trifolii	C	4			0: 高抗 (HR) 1: 抗病 (R) 2: 中抗 (MR) 3: 感病 (S) 4: 高感 (HS)	0: High resistance 1: Moderate Rresistance 2: Moderate resistance 3: Moderate Susceptible 4: High susceptible	抗病

（续）

序号	代号	描述符	字段名	字段英文名	字段类型	字段长度	字段小数位	单位	代码	代码英文名	例子
115	502	北方炭疽病抗性	北方炭疽病	Resistance to Kabatiella	C	4			0：高抗 (HR) 1：抗病 (R) 2：中抗 (MR) 3：感病 (S) 4：高感 (HS)	0：High resistance 1：Moderate resistance 2：Low susceptibility 3：Moderate susceptibility 4：High susceptibility	抗病
116	503	锈病抗性	锈病抗性	Resistance to rust	C	4			0：高抗 (HR) 1：抗病 (R) 2：中抗 (MR) 3：感病 (S) 4：高感 (HS)	0：High resistance 1：Moderate resistance 2：Low susceptibility 3：Moderate susceptibility 4：High susceptibility	抗病

（续）

序号	代号	描述符	字段名	字段英文名	字段类型	字段长度	小数位	单位	代码	代码英文名	例子
117	504	白粉病抗性	白粉病	Resistance to powdery mildew	C	4			0: 高抗 (HR) 1: 抗病 (R) 2: 中抗 (MR) 3: 低感 (S) 4: 高感 (HS)	0: High resistance 1: Moderate resistance 2: Low susceptibility 3: Moderate susceptibility 4: High susceptibility	抗病
118	601	利用方式	利用方式	Utilized way	C	4			0: 鲜草 1: 干草 2: 青贮	0: Grass 1: Dry grass 2: Ensiling	鲜草
119	602	染色体倍数	染色体倍数	Ploidy of chromosome	C	6			0: 二倍体 1: 四倍体	0: Diploid 1: Tetraploint	二倍体
120	603	核型	核型	Karyotype	C	20					2n = 14m + 2sm
121	604	指纹图谱与分子标记	分子标记	Finger printing and molecular marker	C	40					16 = 14m + 2sm
122	605	备注	备注	Remarks	C	30					

五、红三叶种质资源数据
质量控制规范

1 范围

本标准规定了红三叶种质资源数据采集过程中的质量控制内容和方法。

本标准适用于红三叶种质资源的整理、整合和共享。

2 规范性引用文件

下列文件中的条款通过本标准的引用而成为本规范的条款。凡是注日期的引用文件，其随后所有的修改单（不包括勘误的内容）或修订版均不适用于本规范，然而，鼓励根据本标准达成协议的各方研究研究是否可使用这些标准的最新版本。凡是不注明日期的引用文件，其最新版本适用于本规范。

ISO 3166　　Codes for the Representation of Names of Countries

GB/T 2659　世界各国和地区名称代码

GB/T 2260　中华人民共和国行政区划代码

GB/T 12404　单位隶属关系代码

GB　3543　农作物种子检验规程

GB/T 2930.1～2930.11—2001　　牧草种子检验规程

ISTA　　　　　国际种子检验规程

3　数据质量控制的基本方法

3.1　形态特征和生物学特性观测试验设计

3.1.1　试验地点

试验地点的环境条件应能够满足红三叶植株的正常生长及其性状的正常表达。

3.1.2　田间设计

红三叶种在春、秋都可以播种。试验小区为 $10m^2$（2m×5m），随机区组排列，条播，行距 20～30cm，播种不宜过深，以 1～2cm 为宜。播种量为每公顷 11.25～15kg。重复 3 次，试验地周围应设保护行或保护区。

3.1.3　栽培环境条件控制

试验地土质应有当地代表性，肥力均匀，试验地要远离污染、无人畜侵扰、附近无高大建筑物。试验地的栽培管理与大田生产基本相同，采用相同水肥管理，及时防治病虫害，保证幼苗和植株的正常生长，要注意中耕除草，要适时进行灌溉，夏末松土结合施肥。种子收获不宜过迟。

3.2　数据采集

形态特征和生物学特性观测试验原始数据的采集应在种质正常生长情况下获得。如遇自然灾害等因素严重影响植株正常生长，应重新进行观测试验和数据采集。

3.3　试验数据统计分析和校验

每份种质的形态特征和生物学特性观测数据依据对照品种进行校验。根据 2 年度以上的观测校验值，计算每份种质性状的平均值、变异系数和标准差，并进行方差分析，判断试验结果的稳定性和可靠性。取校验值的平均值作为该种质的性状值。

4 基本信息

4.1 全国统一编号

红三叶种质资源的全国统一编号由"CT"加 6 位顺序号组成的 8 位字符串,如"CT888777"。其中"CT"代表China Trifolium L.,后 6 位数字代表具体红三叶种质的编号。全国编号具有唯一性。

4.2 种质库编号

种质库编号是由 I7B 加 5 位顺序号组成的 8 位字符串,如"I7B06778"。其中 I7B 代表国家农作物种质资源长期库中的牧草种质,后五位为顺序号,从"00001"到"99999",代表具体红三叶种质的编号。只有已进入国家农作物种质资源长期库保存的种质才有种库编号。每份种质有唯一的种质库编号。

4.3 圃编号

种质在国家多年生和无性繁殖圃的编号。牧草圃编号为8 位字符串,如"GPMC0152",前 4 位"GPMC"为国家给牧草圃的代码,后 4 位为顺序号,代表具体牧草种质的编号。每份种质具有唯一的圃编号。

4.4 引种号

引种号是由年份加 4 位顺序号组成的 8 位字符串,如"19940024",前四位表示种质从境外引进年份,后四位为顺序号,从"0001"到"9999"。每份引进种质具有唯一的引种号。

4.5 采集号

红三叶种质在野外采集时赋予的编号，一般由年份加2位省份代码加顺序号组成。

4.6 种质名称

国内种质的原始名称和国外引进种质的中文译名，如果有多个名称，可以放在英文括号内，用英文逗号分隔，如"种质名称1（种质名称2，种质名称3）"；国外引进种质如果没有中文译名，可以直接填写种质的外文名。

4.7 种质外文名

国外引进种质的外文名和国内种质的汉语拼音名。每个汉字的汉语拼音之间空一格，每个汉字汉语拼音的首字母大写，如"San Ye Cao"。国外引进种质的外文名应注意大小写和空格。

4.8 科名

科名由拉丁名加英文括号内的中文名组成，如"Leguminosae（豆科）"。如没有中文名，直接填写拉丁名。

4.9 属名

属名由拉丁名加英文括号内的中文名组成，如"*Trifolium*（三叶草属）"。如没有中文名，直接填写拉丁名。

4.10 学名

学名由拉丁名加英文括号内的中文名组成，如"*Trifolium pretense* L. cv. badong（巴东红三叶）"。如没有中文名，直接填写拉丁名，如"*Trifolium pretense* L. cv. badong"。

4.11 原产国

红三叶种质原产国家名称、地区名称或国际组织名称。国家和地区名称参照 ISO 3166 和 GB/T2659，如该国家名称已不存在，应在原国家名称前加"原"，如"原苏联"。国家组织名称用该组织的英文缩写，如"IPGRI"。

4.12 原产省

红三叶种质原产省份，省份名称参照 GB/T 2260。国外引进种质原产省用原产国家一级行政区的名称。

4.13 原产地

红三叶种质的原产县（县级市、区）、乡（镇）、村名称。县（县级市）名参照 GB/T 2260。

4.14 地理分布

红三叶种质资源的地理分布。应以国内外公开出版的植物志为参考，境外分布描述以较大的地理区域或地理单元为主，如"北温带"、"中亚"、"大洋洲热带"、"巴尔干半岛"、"南欧"等；国内分布描述至地区、省或自然地理单元，如"华北、西北"、"内蒙古、吉林、河北"、"青藏高原东部"、"我国沿海各省"等。特有种注明国家或地区，如"中国特有"、"中国西藏特有"等。

4.15 来源地

国内红三叶种质的来源省和县名称，国外引进种质的来源国家、地区名称或国际组织名称。国家、地区和国际组织名称同 4.11，省和县名称参照 GB/T 2260。

4.16 海拔

红三叶种质资源原产地具体生长地点的海拔高度，单位为 m。

4.17 经度

红三叶种质资源原产地的经度，单位为度和分。格式为 DDDFF，其中 DDD 为度，FF 为分。东经为正值，西经为负值，例如，"12125"代表东经121°25′，"－10209"代表西经102°9′。

4.18 纬度

红三叶种质资源原产地的纬度，单位为度和分。格式为DDFF，其中DD为度，FF为分。北纬为正值，南纬为负值，例如，"3208"代表北纬32°8′，"－2542"代表南纬25°42′。

4.19 气候带

红三叶种质原产地所属气候带。参考我国自然地理区划和植被区划的相关论著，以大气温度指标划分为4个纬度气候带。

　　0　寒温带

　　1　中温带

　　2　暖温带

　　3　青藏高原

4.20 气候区

红三叶种质资源原产地所属气候区。参考我国自然地理区划和植被区划的相关论著，以大气水分指标划分为5个气候区。

　　0　湿润区（旱季不显著的湿润区年降水量为1000～2000mm，干燥度＜1.0；旱季显著的湿润区年降水量为600～1000mm，干燥度为0.5～1.5。）

　　1　半湿润区（年降水量为400～500mm，干燥度为1.0～1.6。）

　　2　半干旱区（年降水量为250～350（～400）mm，干燥度为1.6～3.5。）

3 干旱区（年降水量为 150～200mm，干燥度为 3.5～16.0。）

4 极端干旱区（年降水量<50mm，干燥度>16.0。）

4.21 年均温度

红三叶种质资源原产地的年平均温度。单位为℃，精确到 0.1℃。

4.22 年均降水量

红三叶种质资源原产地的年平均降水量。单位为 mm，精确到整数位。

4.23 地形

红三叶种质资源原产地的地形。分为 7 类。

0 平原

1 丘陵

2 山地

3 高原

4 盆地

5 宽谷

6 峡谷

4.24 生态系统类型

红三叶种质原产地所属陆地生态系统。分为：

0 森林（热带湿润地区的雨林，亚热带湿润地区的常绿阔叶林，中纬度湿润地区的落叶阔叶林和北半球寒温带地区的针叶林）。

1 灌丛（温带、亚热带和热带湿润至半干旱地区以中生和中旱生灌木为主要成分的高寒灌丛、落叶灌丛和常绿灌丛）。

2 草地（温带至热带以旱生多年生草本或小半灌木组成的草原和以中生多年生草本组成的草甸）。

3 荒漠（温带、亚热带干旱和极端干旱地区，以超旱生的灌木、半灌木或小半灌木为主要成分）。

4 耕地（种植农作物的土地）。

5 湿地（内陆地区的沼泽地、泥炭地和水域地带以及沿海地区的滩涂）。

4.25 生境

红三叶种质原材料采集地的小环境。如"湖盆边缘"、"河漫滩草甸"、"石质山坡"、"阴坡"、"阳坡"、"田埂"、"路边"、"庭院"等。

4.26 保存单位

红三叶种质提交国家农作物种质资源长期保存库（圃）保存前的单位名称。单位名称应写全称，例如"中国农业科学院畜牧研究所"。

4.27 保存单位编号

红三叶种质在原保存单位中的种质编号。保存单位编号在同一保存单位应具有唯一性。

4.28 系谱

红三叶选育品种（系）的亲缘关系。

4.29 选育单位

选育红三叶品种（系）的单位名称或个人。单位名称应写全称，例如"中国农业科学院畜牧研究所"。

4.30 育成年份

红三叶品种（系）培育成功的年份。例如"1980"、"2002"等。

4.31　选育方法

红三叶品种（系）的育种方法。例如"系选"、"杂交"、"辐射"等。

4.32　种质类型

红三叶种质资源的类型，分为 7 类。

0　野生资源

1　地方品种

2　选育品种

3　引进品种

4　品系

5　遗传材料

6　其他

4.33　种质保存类型

种质保存类型包括以下五类，分别为：

0　种子

1　植株

2　花粉

3　DNA

4　其他

4.34　图象

红三叶种质的图象文件名，图象格式为 .jpg。图象文件名由统一编号加半连号"－"加序号加".jpg"组成。如有多个图象文件，图象文件名用英文分号分隔，如"CA000289－1.jpg；CA000289－2.jpg"。图象对象主要包括植株、花、穗、种子、特异性状等。图象要清晰，对象要突出。

4.35 观测地点

红三叶种质形态特征和生物学特性的观测地点，记录到省和县名，如"河南安阳"。

4.36 观测地海拔

红三叶种质观测地的海拔，单位为 m。

4.37 观测地经度

红三叶种质观测地的经度，单位为（°）和（′）。格式为 DDDFF，其中 DDD 为度，FF 为分。

4.38 观测地纬度

红三叶种质观测地的纬度，单位（°）和（′）。格式为 DDFF，其中 DD 为度，FF 为分。

4.39 观测地年均温

红三叶种质观测地的年平均温度。单位为℃，精确到 0.1℃。

4.40 观测地最低气温

红三叶种质观测地最冷月的最低气温。单位为℃，精确到 0.1℃。

4.41 观测地最高气温

红三叶种质观测地最热月的最高气温。单位为℃，精确到 0.1℃。

4.42 观测地年均降水量

红三叶种质观测地的年平均降水量。单位为 mm，精确到整位数。

4.43 土壤类型

红三叶种质资源原产地的土壤类型。我国目前尚无统一的土壤分类系统，应采用常用的土壤类型名称。用文字描述。

4.44　土壤质地

红三叶种质所在试验小区的土壤质地。分为 5 类。

0　沙土

1　沙壤土

2　壤土

3　黏壤土

4　黏土

4.45　土壤有机质含量

试验小区地表以下 0～40cm 的土壤有机质含量。单位为％，精确到 0.01％。土壤有机物质的测定，是由有机碳的测定结果计算的。具体测定步骤如下：

①用分析天平准确称取通过 60 号筛的风干土 0.1～0.5g（视土壤有机质含量多少而定），加入 250ml 三角瓶中。

②用滴定管准确加入 0.4N 的 $K_2Cr_2O_7$ 溶液 10ml，再加入 0.1gAg_2SO_4，并轻轻摇匀，不可把土粒沾在瓶壁上。

③将三角瓶置于沙浴中加热至沸腾，然后保持 5min，在三角瓶上放漏斗以冷却加热所发生的水蒸气。

④待三角瓶冷却后加入 70ml 蒸馏水，再加入 2ml85％的磷酸和 8～10 滴二苯胺指示剂。

⑤以 0.2N 的硫酸亚铁溶液滴定至蓝绿色变为绿色止，再滴定过程一定要边加边摇，注意溶液颜色变化。（开始颜色暗褐色，逐渐变为深蓝色→蓝紫色→蓝色→蓝绿色，最后变为绿色）。

⑥进行土壤样品测定同时做一空白对照实验，即用纯砂或灼烧过的土壤代替土样品，其他步骤相同。

计算公式：

土壤有机质的百分含量（以烘干土重为基础）。

$$土壤有机质（\%）=\frac{(V_0-V)\times N\times 0.003\times 1.724\times 1.1}{W}\times 100$$

式中，V_0——滴定空白试验时所用的硫酸亚铁的毫升数；

V——滴定土壤样品时所用的硫酸亚铁的毫升数；

N——硫酸亚铁的当量浓度；

W——土样烘干重；

0.003——碳的毫克当量；

1.724——58%的倒数，是将有机碳换算成有机质的系数；

1.1——校正常数，因为此法测定结果只为实际含量的90%。

4.46 土壤 pH 值

试验小区地表以下 0～20cm 的土壤 pH 值，精确到0.1。土壤 pH 值测定步骤如下：

①制样：将土壤样品风干过筛，不宜太细，装瓶封严。

②浸提：称取上述土壤风干样 25g，置 50ml 小烧杯中，再加入蒸馏水 25ml（水：土＝1：1），煮沸以除去二氧化碳，搅拌 1min，使土粒充分散开，然后静置半小时，使其自然澄清。

③测定：将 pH 电极的玻璃球插入土壤溶液的下部悬浊液中，并轻轻摇动，除去玻璃球表面的水膜，使电极电位达到平衡，然后将甘汞电极插入上部澄清液，开启读数开关，进行 pH 值的测定。

④记录：在记录测定结果的同时，应注明水浸还是盐

浸，并指明测定时的水土比例。

4.47　种植方式

红三叶种质材料在试验小区的种植或移植的方式。分为
3 类。

0　穴播（穴播或移植，株距＞20cm。）

1　条播（按行播种，行距 30cm，行内株距＜10cm。）

2　撒播

4.48　田间施肥

红三叶种质在田间评价期间，施肥方式、施肥种类、施
肥量及施肥次数。用文字描述。

4.49　田间灌溉

红三叶种质在田间评价期间，灌溉方式、灌溉次数。用
文字描述。

5　形态特征和生物学特性

5.1　根系入土深度

花期测定。在试验小区内随机抽取开花的植株 10 株，
采用土层剖面法，测量由土表到根系末端的深度。单位为
cm，精确到 0.1cm。

5.2　物候类型

根据红三叶开花期早晚、生长速度和再生性，将红三叶
分为早熟形和晚熟形。开花期测定，在试验小区内随机抽取
10 株，测定植株开花期的早晚。

5.3　生长年限

一般为植株生长的最长年限，红三叶的生长年限一般分
为 2 类。

0 2～5 年

1 2～9 年

5.4 株高

在红三叶的开花期进行。采用随机取样法，在小区内选取具有代表性的地段 3～5 处，每处选 10 株，分别以随机取样的方法进行测高。测量时自地面量至植株的最高部位，单位为 cm，精确到整数位。

5.5 主茎分枝

开花期采用随机取样法，在小区内选取具有代表性的地段 3～5 处，每处选 5～8 株，调查红三叶的分枝数。单位为个，精确到整数位。

5.6 茎形态

花期用目测法判断。以全小区为调查对象，以相同茎秆形态的植株达到 70% 为准。

0 直立（茎秆垂直于地面生长）

1 平卧上升（茎秆平卧在地上生长）

5.7 茎颜色

花期测定。在试验小区内随机抽取开花的植株 10 株，观测红三叶的茎秆的颜色。

0 青色

1 紫色环状条纹

5.8 茎被毛

花期用目测法判断。在试验小区内随机抽取开花的植株 10 株，观测植株茎秆是否有被毛。

0 无

1 疏生柔毛

5.9 叶面斑纹

花期测定，在试验小区内随机抽取开花的植株 10 株，观测植株的叶片上的斑纹。

0 白色 V 形斑纹

1 淡紫色 V 形斑纹

5.10 叶宽

花期测定。在试验小区内随机抽取开花的植株 10 株，分别测每一株中部叶片最宽处的绝对长度。内卷或反卷的叶片要展开测量。单位为 cm，精确到 0.1cm。

5.11 叶长

花期测定。在试验小区内随机抽取开花的植株 10 株，分别测量每一株中部叶片从叶颈至叶尖的绝对长度。单位为 cm，精确到 0.1cm。

5.12 小叶形态

花期用目测法判断。在试验小区内随机抽取开花的植株 10 株，观测茎中部的叶片形态。因红三叶的叶片形态随着环境湿度、温度和光照条件发生变化，所以观测时环境条件应一致，选择晴朗干燥的天气。以相同叶形态的植株达到 70% 为准。

0 卵状椭圆形

1 倒卵形

2 卵形

5.13 小叶被毛

花期用目测法判断。在试验小区内随机抽取开花的植株 10 株，观测叶片是否有被毛。

0 无毛

    1 长柔毛

5.14 小叶数

花期用目测法判断。在试验小区内随机抽取开花的植株10株，观测红三叶植株小叶的数目，单位为片。

5.15 叶柄被毛

花期用目测法判断。在试验小区内随机抽取开花的植株10株，观测叶柄是否有被毛。

    0 无

    1 有

5.16 总花梗

花期采用目测法测定。在试验小区内随机抽取开花的植株10株，观测小花是否有花梗。

    0 无

    1 有

5.17 花序形态

花期测定。在试验小区内随机抽取开花的植株10株，观测花在花序轴上的排列方式。

    0 球状

    1 卵状

5.18 花序着生部位

花期采用目测法测定。在试验小区内随机抽取开花的植株10株，观测花序的着生方式。

    0 茎顶部

    1 自叶腋处长出

5.19 花颜色

花期用标准色卡目测判断。以全小区为调查对象，在正

常一致的光照条件下观测花冠颜色。以相同花冠颜色的植株
达到 70% 为准。

    0   紫红色

    1   淡紫色

5.20　花序长度

花期测定。在试验小区内随机抽取开花的植株 10 株，
测量花序的长度，单位为 cm，精确到 0.1cm。

5.21　旗瓣形态

花期观测。在试验小区内随机抽取开花的植株 10 株，
观测花序上旗瓣的形态。

    0   微凹缺

    1   先端圆形

5.22　萼齿长

花期采用目测法测定。在试验小区内随机抽取开花的植
株 10 株，观测主茎中部或中部分枝上萼齿的长短，以相同
的植株达到 70% 为准。

    0   近等长

    1   下方 1 齿最长

5.23　每花序所含种子数

成熟期测定。在试验小区内随机抽取开花的植株 10 株，
观测每一花序内所含的子粒数目，单位为粒。

    0   10

    1   >10

5.24　种子形状

成熟期用目测法测定。在试验小区内随机抽取开花的植
株 10 株，观察主茎中部或中部分枝上花序中部种子的形态。

0 肾形

1 椭圆形

2 橄榄球形

5.25 种子颜色

成熟期用目测法测定。在试验小区内随机抽取开花的植株 10 株，观察主茎中部或中部分枝上花序中部种子的颜色。

0 褐黄色

1 紫色

2 棕黄色

5.26 种子长度

成熟期用目测法测定。在试验小区内随机抽取开花的植株 10 株，观测主茎中部或中部分枝上花序中部种子的长度，单位为 mm，精确到 0.1mm。

5.27 种子宽度

成熟期用目测法测定。在试验小区内随机抽取开花的植株 10 株，观测主茎中部或中部分枝上花序中部种子的宽度，单位为 mm，精确到 0.01mm。

5.28 播种期

记录红三叶播种日期，以"年 月 日"表示，格式为"YYYYMMDD"。

5.29 出苗期

指红三叶种子萌发出土的日期。用目测法，鉴定的标准是在播种小区内有 50% 展开了子叶（真叶）的幼苗露出地面时为出苗期。如果观察小区面积大，对小区内的 1/2 或 1/4 的地段进行观察，在这一发育阶段（时期）来到之前及其通过之时，每天进行观察。以"年 月 日"表示，格式

"YYYYMMDD"。

5.30 返青期

指红三叶越冬或越夏以后的植株重新生长的日期。用目测法，鉴定的标准是播种小区内有 50% 的植株返青时为返青期。如果观察小区面积大，对小区内的 1/2 或 1/4 的地段进行观察，在这一发育阶段（时期）来到之前及其通过之时，每天进行观察。以"年　月　日"表示，格式"YYYYMMDD"。

5.31 分枝期

指红三叶产生侧枝的时期。用目测法，鉴定的标准是，50% 的植株长出侧枝为分枝期。如果观察小区面积大，对小区内的 1/2 或 1/4 的地段进行观察，在这一发育阶段（时期）来到之前及其通过之时，每天进行观察。以"年　月　日"表示，格式"YYYYMMDD"。

5.32 现蕾期

指红三叶在地面出现第一个花蕾时的日期。用目测法，鉴定的标准是以 50% 的植株有花蕾露出即为现蕾期。如果观察小区面积大，对小区内的 1/2 或 1/4 的地段进行观察，在这一发育阶段（时期）来到之前及其通过之时，每天进行观察。以"年　月　日"表示，格式"YYYYMMDD"。

5.33 开花期

用目测法，鉴定的标准是 10% 的植株开花为初花期，80% 的植株开花为盛花期。如果观察小区面积大，对小区内的 1/2 或 1/4 的地段进行观察，在这一发育阶段（时期）来到之前及其通过之时，每天进行观察。以"年　月　日"表示，格式"YYYYMMDD"。

5.34 结荚期

用目测法，鉴定的标准是红三叶 50％的植株有荚果出现为结荚期。如果观察小区面积大，对小区内的 1/2 或 1/4 的地段进行观察，在这一发育阶段（时期）来到之前及其通过之时，每天进行观察。以"年　月　日"表示，格式"YYYYMMDD"。

5.35 成熟期

用目测法，鉴定的标准是红三叶 60％以上的种子变坚硬，常开始脱落为完熟期。以"年　月　日"表示，格式"YYYYMMDD"。

5.36 生育天数

从红三叶播种后开始记录从出苗到成熟期的天数。单位为 d，精确到整数位。

5.37 枯黄期

用目测法，鉴定的标准是 50％的植株茎叶枯黄或者失去生活机能的时期，如果观察小区面积大，对小区内的 1/2 或 1/4 的地段进行观察，在这一发育阶段（时期）来到之前及其通过之时，每天进行观察。以"年　月　日"表示，格式"YYYYMMDD"。

5.38 生长天数

记录红三叶从返青期到枯黄期的天数。单位为 d，精确到整数位。

5.39 再生性

被刈割或放牧利用后重新恢复绿色株丛的能力叫做再生性。再生性的好坏、强弱是生活力的一种表现，也是衡量其经济特性的一项重要指标。衡量标准一般是以再生速度、再生次数和再生草产量等 3 个指标来测定的。可分为 3 类。

　　0　良好（再生速度快，再生次数多，再生草产量高）。

　　1　中等（在两者之间）。

　　2　较差（再生速度慢，再生次数少，再生产量低）。

5.40　落粒性

种子从其母株上散落的性能。以目测法分 3 级。

　　0　不脱落（有外力或阳光暴晒时不落粒或不裂荚）

　　1　稍易脱落（有外力或阳光暴晒时少量种子脱落或裂荚）

　　2　极易脱落（稍有外力脱落或边熟边落粒或裂荚）

5.41　千粒重

一定水分条件下 1000 粒完整种子的绝对重量，单位用"g"表示。精确到 0.01g。数据的采集方法及单位和精度：

在待测样品中进行随机取样，8 个重复，每个重复 100 粒种子，然后用感量为 0.0001g 的电子天平进行测定，单位用"g"表示，小数的位数应符合 GB/T2930.2－2001 中表 1 的规定，将 8 个重复 100 粒的重量换算成 1000 粒种子的平均重量。

待测样品应为新鲜的风干种子；种子不应有去芒去皮处理；样品数量控制在小粒种子 150g、中粒种子 500g、大粒种子 5000g 以上。

5.42　发芽势

发芽势的数据采集是在进行种子发芽率检测初期进行，在规定的天数内，记数正常发芽的种子数占供试种子的百分比。以％表示，精确到 0.1％。发芽势的计算公式如下：

$$发芽势（\%）=\frac{规定天数内全部正常种苗数}{供试种子数}\times100$$

5.43 发芽率

在标准条件下对种子发芽率进行检测。从经过充分混合的净种子（见 GB/T 2930.2）中，随机分取 400 粒种子，每 100 粒为 1 次重复，置于垫铺滤纸的培养皿中。每粒种子应保持一定距离，以减少相邻种子对种苗发育的影响和病菌的相互感染。注水一致，使种子充分吸水。盖好培养皿上盖，置于发芽箱中进行恒温或变温发芽，发芽床要始终保持湿润。不同红三叶种子有不同的恒温或变温要求，根据"GB/T 2930.1～2930.11－2001"中发芽试验技术规定，对变温处理时间、光照及破除休眠方法进行规范。

发芽观测时间一般为 2 周，首次记数在第 5d 开始，以后应每隔 1～2d 记数一次，记录符合规程标准的正常种苗。将明显死亡的腐烂种子取出并记数。末次记数时，分别记录所有正常种苗、不正常种苗、硬实种子、新鲜未发芽种子和死种子数。正常种苗的百分率为发芽率。然后计算 4 次重复的平均数，以％表示，精确到 0.1％。如果 4 次重复的数值之间均未超出 ISTA 规定的最大容许误差，则结果是可靠的，4 次重复的平均数即为该样品的发芽率。如果 4 次重复的数值之间超出上述规定，数值修约按照 GB/T8170－1987 进行。

计算公式

$$发芽率（\%）=\frac{发芽终期全部正常种苗数}{供试种子数}\times100$$

5.44 种子活力

红三叶种子活力的测定，按照 GB/T 2930.5－2001 所规定的种子活力生物化学（四唑）测定方法进行，首先按GB/T 2930.2 净度分析方法，从充分混合的净种子中，随机数取 100 粒种子，4 个重复，然后将种子完全浸入水中，进行染色前的预湿处理，然后染色，如果在 GB/T 2930.5－2001 规定的染色浓度和时间内染色不完全，可延长染色时间，以便证实染色不理想是由于四唑盐类吸收缓慢，而不是由于种子内部缺陷所致，染色结束后立即进行鉴定，然后分别统计各重复中有活力的种子，计算平均值，以％表示，重复间最大容许误差不得超过 GB/T 2930.4－2001 中表 B1 的规定，平均百分率按 GB/T 8170 修约至最接近的整数。

5.45 种子寿命

在一定环境条件下红三叶种子生活力保持的期限。分 3 类。

0 短命（种子寿命在 3 年以内。）

1 中命（种子寿命为 3～15 年。）

2 长命（种子寿命为 15 年以上。）

5.46 鲜草产量

在抽穗期至初花期测定，选择有代表性的测产小区，通常按随机排列法排列测产小区，测产小区面积通常 $10m^2$。测产面积为 $1m^2$，采用样方法，重复 3 次，严防在边行及密度不正常的地段测产。为防止水分散失，边割边称重。单位为 kg/hm^2，精确到 0.1kg。

5.47 干草产量

在盛花期测定，选择有代表性的测产小区，通常按随机排列法排列测产小区，测产小区面积通常 $10m^2$。测产面积为 1m²，采用样方法，重复 3 次，严防在边行及密度不正常的地段测产。将测产红三叶（或测定完鲜草产量的红三叶）分别装入布袋，待阴干后称其风干重。单位为 kg/hm²，精确到 0.1kg。

5.48 种子产量

在成熟期测定，选择有代表性的测产小区，通常按随机排列法排列测产小区，测产小区面积通常 10m²。测产面积为 1m²，采用样方法，重复 3 次，严防在边行及密度不正常的地段测产。单位为 kg/hm²，精确到 0.1kg。

5.49 茎叶比

在抽穗期或初花期，采用随机取样法，在小区内选取具有代表性的地段 3～5 处，每处选 3 株，齐地面剪下，迅速分出茎 S_g、叶 L_g 各部分，分别称其鲜重，单位 g，精确到 0.1g。

$$茎（叶）比 = \frac{S_g(L_g)}{S_g + L_g}$$

6 品质特性

6.1 粗蛋白质含量

在抽穗期或某个生育期采样，采用凯氏定氮法，按照 GB/T 6432—1994 饲料中粗蛋白测定方法。以％表示，精确到 0.01％。

（1）试剂

硫酸（GB 625，化学纯，含量为 98％，无氮）。

混合催化剂（0.4g 硫酸铜，5 个结晶水（GB 665），6g 硫酸钾（HG3—920）或硫酸钠（HG3—908），均为化学纯，磨碎混匀）。

氢氧化钠（GB 629，化学纯，40％水溶液（M/V））。

硼酸（GB 628，化学纯，2％水溶液（M/V））。

混合指示剂（甲基红（HG3—958）0.1％乙醇溶液，溴甲酚绿（HG 3—1220）0.5％乙醇溶液，两溶液等体积混合，在阴凉处保存期为三个月）。

盐酸标准溶液（邻苯二甲酸氢钾法标定，按 GB 601 制备）：0.1mol/L 盐酸（HCl）标准溶液（8.3ml 盐酸（GB 622），分析纯，注入 1000ml 蒸馏水中）；0.02mol/L 盐酸（HCl）标准溶液（1.67ml 盐酸（GB 622），分析纯，注入 1000ml 蒸馏水中）。

蔗糖（HG 3—1001：分析纯）。

硫酸铵（GB1396，分析纯，干燥）。

硼酸吸收液（1％硼酸水溶液 1000ml，加入 0.1％溴甲酚绿乙醇溶液 10ml，0.1％甲基红乙醇溶液 7ml，4％氢氧化钠水溶液 0.5ml，混合，置阴凉处保存期为一个月（全自动程序用））。

（2）仪器设备

实验室用样品粉碎机或研钵。

分样筛（孔径 0.45mm（40 目））。

分析天平（感量 0.0001g）。

消煮炉或电炉。

滴定管（酸式，10、25ml）。

凯氏烧瓶（250ml）。

凯氏蒸馏装置（常量直接蒸馏式或半微量水蒸气蒸馏式）。

锥形瓶（150、250ml）。

容量瓶（100ml）。

消煮管（250ml）。

定氮仪（以凯氏原理制造的各类型半自动，全自动蛋白质测定仪）。

（3）样品的选取和制备

选取具有代表性的样品用四分法缩减至 200g，粉碎后全部通过 40 目筛，装于密封容器中，防止样品成分的变化。

（4）分析步骤

①仲裁法

样品的消煮：称取样品 0.5～1g（含氮量 5～80mg）准确至 0.0002g，放入凯氏烧瓶中，加入 6.4g 混合催化剂，与样品混合均匀，再加入 12ml 硫酸和 2 粒玻璃珠，将凯氏烧瓶置于电炉上加热，开始小火，待样品焦化，泡沫消失后，再加强火力（360～410℃）直至呈透明的蓝绿色，然后再继续加热，至少 2h。

氨的蒸馏(蒸馏步骤的检验见 GB/T 6432－94 附录 A)：

常量蒸馏法：将样品消煮液冷却，加入 60～100ml 蒸馏水．摇匀，冷却。将蒸馏装置的冷凝管末端浸入装有 25ml 硼酸吸收液和 2 滴混合指示剂的锥形瓶内。然后小心地向凯氏烧瓶中加入 50ml 氢氧化钠溶液，轻轻摇动凯氏烧瓶，使溶液混匀后再加热蒸馏，直至流出液体积为 100ml。降下锥形瓶，使冷凝管末端离开液面．继续蒸馏 1～2min，并用蒸馏水冲洗冷凝管末端，洗液均需流入锥形瓶内，然后停止蒸馏。

半微量蒸馏法：将样品消煮液冷却，加入 20ml 蒸馏水，转入100ml容量瓶中，冷却后用水稀释至刻度，摇匀，做为样品分解液。将半微量蒸馏装置的冷凝管末端浸入装有20ml硼酸吸收液和2滴混合指示剂的锥形瓶内。蒸汽发生器的水中应加入甲基红指示剂数滴，硫酸数滴，在蒸馏过程中保持此液为橙红色，否则需补加硫酸。准确移取样品分解液10～20ml注入蒸馏装置的反应室中，用少量蒸馏水冲洗进样入口，塞好入口玻璃塞，再加10ml氢氧化钠溶液，小心提起玻璃塞使之流入反应室，将玻璃塞塞好，且在入口处加水密封，防止漏气。蒸馏4min降下锥形瓶使冷凝管末端离开吸收液面，再蒸馏1min，用蒸馏水冲洗冷凝管末端，洗液均流入锥形瓶内，然后停止蒸馏。

（注：上述两种蒸馏法测定结果相近，可任选一种。）

蒸馏步骤的检验：精确称取0.2g硫酸铵，代替样品，按常量蒸馏法或半微量蒸馏法步骤进行操作，测得硫酸铵含氮量为21.19%±0.2%，否则应检查加碱、蒸馏和滴定各步骤是否正确。

滴定：用蒸馏法蒸馏后的吸收液立即用0.1mol/L或0.02mol/L盐酸标准溶液滴定，溶液由蓝绿色变成灰红色为终点。

②推荐法

样品的消煮：称取0.5～1g样品（含氮量5～80mg）准确至0.0002g，放入消化管中，加2片消化片（仪器自备）或6.4g混合催化剂，12ml硫酸，于420℃下在消煮炉上消化1h。取出放凉后加入30ml蒸馏水。

氨的蒸馏：采用全自动定氮仪时，按仪器本身常量程序进行测定。采用半自动定氮仪时，将带消化液的管子插在蒸馏装置上，以 25ml 硼酸为吸收液，加入 2 滴混合指示剂，蒸馏装置的冷凝管末端要浸入装有吸收液的锥形瓶内，然后向消煮管中加入 50ml 氢氧化钠溶液进行蒸馏。蒸馏时间以吸收液体积达到 100ml 时为宜。降下锥形瓶，用蒸馏水冲洗冷凝管末端，洗液均需流入锥形瓶内。

滴定：用 0.1mol/L 的标准盐酸溶液滴定吸收液，溶液由蓝绿色变成灰红色为终点。

空白测定：称取蔗糖 0.5g，代替样品，按（6.2.4）进行空白测定，消耗 0.1mol/L 盐酸标准溶液的体积不得超过 0.2ml。消耗 0.02mol/L 盐酸标准溶液的体积不得超过 0.3ml。

（5）计算公式

$$CP（\%）= \frac{(V_2 - V_1) \times C \times 0.0140 \times 6.25}{m \times \frac{V'}{V}} \times 100$$

式中，CP——粗蛋白质含量，%；

V_2——滴定样品时所需标准酸溶液体积，ml；

V_1——滴定空白时所需标准酸溶液体积，ml；

C——盐酸标准溶液浓度，mol/L；

m——样品质量，g；

V——样品分解液总体积，ml；

V'——样品分解液蒸馏用体积，ml；

0.0140——每毫克当量氮的克数；

6.25——氮换算成蛋白质的平均系数。

允许差：每个样品取两个平行样进行测定，以其算术平均值为结果。当粗蛋白质含量在 25% 以上时，允许相对偏差为 1%；当粗蛋白质含量在 10%～25%时，允许相对偏差为 2%；当粗蛋白质含量在 10%以下时，允许相对偏差为 3%。

6.2 粗脂肪的含量

在抽穗期或某个生育期采样，采用索氏浸提法，按照 BG/T 6433—1994 饲料粗脂肪测定方法。以%表示，精确到 0.01%。

（1）试剂

无水乙醚（分析纯）

（2）仪器设备

实验室用样品粉碎机或研钵。

分样筛（孔径 0.45mm）。

分析天平（感量 0.0001g）。

电热恒温水浴锅（室温～100℃）。

恒温烘箱（50～200℃）。

索氏脂肪提取器（带球形冷凝管，100ml 或 150ml）。

索氏脂肪提取仪。

滤纸或滤纸筒（中速，脱脂）。

干燥器（用氯化钙或变色硅胶为干燥剂）。

（3）样品的制备

选取有代表性的样品，用四分法将样品缩减至 500g，粉碎至 40 目。再用四分法缩减至 200g，于密封容器中保存。

（4）分析步骤

仲裁法：使用索氏脂肪提取器测定。索氏提取器（6.3.2.6）应干燥无水。抽提瓶（内有沸石数粒）在 105±

2℃烘箱中烘干60min，干燥器中冷却30min，称重。再烘干
30min，同样冷却称重，两次重量之差小于0.0008g为恒重。
称取样品1～5g（准确至0.0002g），于滤纸筒中，或用滤纸
包好，放入105℃烘箱中，烘干120min（或称测水分后的
干样品，折算成风干样重），滤纸筒应高于提取器虹吸管
的高度，滤纸包长度应以可全部浸泡于乙醚中为准。将滤
纸筒或包放入抽提管，在抽提瓶中加无水乙醚60～100ml，
在60～75℃的水浴（用蒸馏水）上加热，使乙醚回流，控
制乙醚回流次数为每小时约10次，共回流约50次或检查
抽提管流出的乙醚挥发后不留下油迹为抽提终点。取出样
品，仍用原提取器回收乙醚直至抽提瓶全部收完，取下抽
提瓶，在水浴上蒸去残余乙醚。擦净瓶外壁。将抽提瓶放
入105±2℃烘箱中烘干120min，干燥器中冷却30min称
重，再烘干30min，同样冷却称重，两次重量之差小于
0.001g为恒重。

推荐法：使用脂肪提取仪测定。依各仪器操作说明书进
行测定。

（5）计算公式

$$EE（\%）= \frac{m_2 - m_1}{m} \times 100$$

式中，EE——粗脂肪含量，%；

m——风干样品重量，g；

m_1——已恒重的抽提瓶重量，g；

m_2——已恒重的盛有脂肪的抽提瓶重量，g。

允许差：每个样品取两平行样进行测定，以其算术平均
值为结果。粗脂肪含量在10%以上（含10%）时，允许相

对偏差为 3%；粗脂肪含量在 10% 以下时，允许相对偏差为 5%。

6.3 粗纤维素含量

在抽穗期或某个生育期采样采样。采用酸、碱分次水解法，按照 GB/T 6434—1994 饲料中粗纤维测定方法。以 % 表示，精确到 0.01%。

（1）试剂

本方法试剂使用分析纯，水为蒸馏水。标准溶液按 GB 601 制备。

硫酸（GB 625）溶液 0.128±0.005mol/L。

氢氧化钠标准溶液标定（GB 601）。

氢氧化钠（GB 629）溶液，0.313±0.005mol/L。

邻苯二甲酸氢钾法标定（GB 601）。

酸洗石棉 HG 3—1062。

95% 乙醇（GB 679）。

乙醚（HG 3—1002）。

正辛醇（防泡剂）。

（2）仪器设备

实验室用样品粉碎机。

分样筛（孔径 1mm（18 目））。

分析天平（感量 0.0001g）。

电加热器（电炉，可调节温度）。

电热恒温箱（烘箱，可控制温度在 130℃）。

高温炉（有高温计可控制温度在 500～600℃）。

消煮器（有冷凝球的 600mL 高型烧杯或有冷凝管的锥形瓶）。

抽滤装置（抽真空装置，吸滤瓶和漏斗，滤器使用 200 目不锈钢网或尼龙滤布）。

古氏坩埚（30ml，预先加入酸洗石棉悬浮液 30ml，内含酸洗石棉 0.2～0.3g，再抽干，以石棉厚度均匀，不透光为宜。上下铺两层玻璃纤维有助于过滤）。

干燥器（以氯化钙或变色硅胶为干燥剂）。

粗纤维测定仪器（国内外生产的符合本标准测定原理，且测定结果一致的仪器）。

（3）样品制备

将样品用四分法缩减至 200g，粉碎，全部通过 1mm 筛，放入密封容器。

（4）分析步骤

①仲裁法

称取 1～2g 样品，准确至 0.0002g，用乙醚脱脂（含脂肪小于 10％可不脱脂），放入消煮器，加浓度准确且已沸腾的硫酸溶液 200ml 和 1 滴正辛醇，立即加热，应使其在 2min 内沸腾，调整加热器，使溶液保持微沸，且连续微沸 30min，注意保持硫酸浓度不变。样品不应离开溶液沾到瓶壁上。随后抽滤，残渣用沸蒸馏水洗至中性后抽干。用浓度准确且已沸腾的氢氧化钠溶液将残渣转移至原容器中并加至 200ml，同样准确微沸 30min，立即在铺有石棉的古氏坩埚上过滤，先用 25ml 硫酸溶液洗涤，残渣无损失地转移到坩埚中，用沸蒸馏水洗至中性，再用 15ml 乙醇洗涤，抽干。将坩埚放入烘箱，于 130±2℃下烘干 2h，取出后在干燥器中冷却至室温，称重，再于 550±25℃高温炉中灼烧 30min，取出后于干燥器中冷却至室温后称重。

②推荐法

称 1~2g 样品（脱脂步骤同手工方法）于 G_2 玻璃沙漏斗中，用坩埚夹将漏斗插入热萃取器；从顶部加入预先煮沸的硫酸溶液 200ml 和两滴正辛醇，将加热旋扭开到最大位置，待溶液沸腾后，将旋扭调到合适位置，使溶液保持微沸 30min，抽滤，用沸蒸馏水洗至中性，加入预先煮沸的氢氧化钠溶液 200ml，同样准确微沸 30min，抽滤，用沸蒸馏水洗至中性，将坩埚转移至冷萃取器，加入 25ml95％乙醇，抽干，将漏斗转移到烘箱，于 130±2℃下烘干 2h，取出后在干燥器中冷却至室温，称重。再放入 500±25℃高温炉中灼烧 1h，干燥器中冷却至室温后称重。型号不同的仪器具体操作步骤见该仪器使用说明书。

（5）计算公式

$$CF（\%）= \frac{m_1 - m_2}{m} \times 100$$

式中，CF——粗纤维含量，％；

m_1——130℃烘干后坩埚及样品残渣重，g；

m_2——550℃（或 500℃）灼烧后坩埚及样品残渣重，g；

m——试样（未脱脂）质量，g。

允许差：每个样品取两平行样进行测定，以算术平均值为结果。粗纤维含量在 10％以下，绝对值相差 0.4；粗纤维含量在 10％以上，相对偏差为 4％。

6.4 无氮浸出物含量

红三叶样品中无氮浸出物含量的计算方法为：从 100％的干物质中减去水分、粗蛋白质、粗脂肪、粗纤维、粗灰分的百分含量之和。以％表示，精确到 0.01％。

6.5 粗灰分含量

在抽穗期或某个生育期采样采样。按照 GB/T 6438—1992 饲料中粗灰分的测定方法。以％表示，精确到 0.01％。

(1) 仪器与设备

实验室用样品粉碎机或研钵。

分样筛（孔径 0.45mm（40 目））。

分析天平（分度值 0.0001g）。

高温炉（有高温计且可控制炉温在 550±20℃）。

坩埚（瓷质，容积 50ml）。

干燥器（用氯化钙或变色硅胶作干燥剂）。

(2) 样品的选取和制备

取具有代表性样品，粉碎至 40 目。用四分法缩减至 200g，装于密封容器。防止样品的成分变化或变质。

(3) 测定步骤

将干净坩埚放入高温炉，在 550±20℃下灼烧 30min。取出，在空气中冷却约 1min，放入干燥器冷却 30min，称其质量。再重复灼烧，冷却、称量，直至两次质量之差小于 0.0005g 为恒质。在已恒质的坩埚中称取 2～5g 试料（灰分质量 0.05g 以上），准确至 0.0002g，在电炉上小心炭化，在炭化过程中，应将试料在较低温度状态加热灼烧至无烟，尔后升温灼烧至样品无炭粒，再放入高温炉，于 550±20℃下灼烧 3h。取出，在空气中冷却约 1min，放入干燥器中冷却至 30min，称取质量。再同样灼烧 1h，冷却，称量，直至两次质量之差小于 0.001g 为恒质。

(4) 计算公式

$$ASH（\%）=\frac{m_2-m_0}{m_1-m_0}\times100$$

式中，ASH——粗灰分含量，%；

m_0——为恒质空坩埚质量，g；

m_1——为坩埚加样品的质量，g；

m_2——为灰化后坩埚加灰分的质量，g。

允许差：每个样品应分两份进行测定，以其算术平均值为分析结果。粗灰分含量在 5% 以上，允许相对偏差为 1%；粗灰分含量在 5% 以下，允许相对偏差为 5%。

6.6 磷含量

在抽穗期或某个生育期采样采样。按照国家标准 GB/T 6437—2002 饲料中总磷的测定分光光度法。以%表示，精确到 0.001%。

（1）试剂

实验室用水应符合 GB/T 6682 中三级水的规格。本标准中所用试剂。除特殊说明外，均为分析纯。

盐酸溶液（1+1）

硝酸

高氯酸

钒钼酸铵显色剂（称取偏钒酸铵 1.25g，加水 200ml 加热溶解，冷却后再加入 250ml 硝酸（6.8.1.2），另称取钼酸铵 25g，加水 400ml 加热溶解，在冷却的条件下，将两种溶液混合，用水定容至 1000ml，避光保存，若生成沉淀，则不能继续使用）。

磷标准液（将磷酸二氢钾在 105℃ 干燥 1h，在干燥器中冷却后称取 0.2195g 溶解于水，定量转入 1000ml 容量瓶中，加硝酸 3ml，用水稀释至刻度，摇匀。即为 $50\mu g/ml$ 的磷标准液)。

(2) 仪器和设备

实验室用样品粉碎机或研钵。

分样筛 (孔径 0.42mm (40 目))。

分析天平 (感量 0.0001g)。

分光光度计 (可在 400nm 下测定吸光度)。

比色皿 (1cm)。

高温炉 (可控温度在 $550\pm20℃$)。

瓷坩埚 (50ml)。

容量瓶 (50、100、1000ml)。

移液管 (1.0、2.0、5.0、10.0ml)。

三角瓶 (200ml)。

凯氏烧瓶 (125、250ml)。

可调温电炉 (1000W)。

(3) 样品制备

取具有代表性样品 2kg，用四分法缩分至 250g，粉碎过 0.42mm 孔筛，装入样品瓶中，密封保存备用。

(4) 测定步骤

①样品分解

干法：称取样品 2～5g (精确至 0.0002g) 于坩埚中，在电炉上小心炭化，再放入高温炉，于 550℃ 下灼烧 3h (或测定粗灰分后继续进行)，取出冷却，加入 10ml 盐酸溶液和硝酸数滴，小心煮沸约 10min，冷却后转入 100ml 容量瓶中，用蒸馏水稀释至刻度，摇匀，为样品分解液。

湿法：称取样品 0.5～5g (精确至 0.0002g) 于凯氏烧

瓶中，加入硝酸30ml，小心加热煮沸至黄烟逸尽，稍冷，加入高氯酸10ml，继续加热至高氯酸冒白烟（不得蒸干），溶液基本无色，冷却，加水30mL，加热煮沸，冷却后，用水转移入100ml容量瓶中，并稀释至刻度，摇匀，为样品分解液。

工作曲线的绘制：准确移取磷标准液0.0、1.0、2.0、4.0、8.0、16.0ml于50ml容量瓶中，各加钒钼酸铵显色剂10ml，用水稀释到刻度，摇匀，常温下放置10min以上，以0.0ml溶液为参比，用1cm比色皿，在400nm波长下用分光光度计测各溶液的吸光度。以磷含量为横坐标，吸光度为纵坐标，绘制工作曲线。

②样品的测定

准确移取样品分解液1.0～10.0ml（含磷量50～750μg）于50ml容量瓶中，加入钒钼酸铵显色剂10ml，用水稀释到刻度，摇匀，常温下放置10min以上，用1cm比色皿在400nm波长下测定样品分解液的吸光度，在工作曲线上查得样品分解液的磷含量。

（5）计算公式

$$P（\%）= \frac{m_1 \times V}{m \times V_1 \times 10^6} \times 100 = \frac{m_1 \times V}{m \times V_1 \times 10^4}$$

式中，P——磷含量，%；

m_1——由工作曲线查得样品分解液磷含量，μg；

V——样品分解液的总体积，ml；

m——样品的质量，g；

V_1——样品测定时移取样品分解液体积，ml。

允许差：每个样品称取两个平行样进行测定，以其算术平均值为测定结果。

含磷量 0.5% 以下，允许相对偏差 10%；含磷量 0.5% 以上，允许相对偏差 3%。

6.7 钙含量

在抽穗期或某个生育期采样采样。采用高锰酸钾法或乙二胺四乙酸二钠络合滴定法，按照国家标准 GB/T 6436—2002 饲料中钙的测定，以% 表示，精确到 0.01%。

（1）高锰酸钾法（仲裁法）

①试剂和溶液

实验用水应符合 GB/T 6682 中三级用水规格，使用试剂除特殊规定外均为分析纯。

硝酸。

高氯酸 （70%～72%）。

盐酸溶液 （1+3）。

硫酸溶液 （l+3）。

氨水溶液 （1+1）。

草酸铵水溶液 （42g/L：称取 4.2g 草酸铵溶于 100ml 水中）。

高锰酸钾标准溶液 （$[c (1/5KMnO_4) = 0.05mol/L]$ 的配制按 GB/T 601 规定）。

甲基红指示剂 （1g/L：称取 0.1g 甲基红溶于 100ml 95% 乙醇中）。

②仪器和设备

实验室用样品粉碎机或研钵。

分析筛 （孔径 0.42mm （40 目））。

分析天平 （感量 0.0001g）。

高温炉（电加热，可控温度在 550±20℃）。

坩埚（瓷质）。

容量瓶（100ml）。

滴定管（酸式，25ml 或 50ml）。

玻璃漏斗（直径 6cm）。

定量滤纸（中速，7～9cm）。

移液管（10.20ml）。

烧杯（200ml）。

凯氏烧瓶（250ml 或 500ml）。

③样品备制

取具有代表性样品至少 2kg，用四分法缩减至 250g，粉碎过 0.42mm 孔筛，混匀，装入样品瓶中，密闭，保存备用。

④测定步骤

样品分解：

干法：称取样品 2～5g 于坩埚中，精确到 0.0002g，在电炉上小心炭化，再放入高温炉于 550℃下灼烧 3h（或测定粗灰分后连续进行），在盛灰坩埚中加入盐酸溶液 10ml 和浓硝酸数滴，小心煮沸，将此溶液转入 100ml 容量瓶中，冷却至室温，用蒸馏水稀释至刻度，摇匀，为样品分解液。

湿法：称取样品 2～5g 于 250ml 凯氏烧瓶中，精确到 0.0002g，加入硝酸 10ml，加热煮沸，至二氧化氮黄烟逸尽，冷却后加入高氯酸 10ml，小心煮沸至溶液无色，不得蒸干（危险），冷却后加蒸馏水 50ml，且煮沸驱逐二氧化氮，冷却后移入 100ml 容量瓶中，用蒸馏水稀释至刻度，摇匀，为样品分解液。

样品的测定：准确移取样品液 10～20ml（含钙量 20mg 左右）于 200ml 烧杯中，加蒸馏水 100ml，甲基红指示剂 2 滴，滴加氨水溶液至溶液呈橙色，若滴加过量，可加盐酸溶液调至橙色，再多加 2 滴使其呈粉红色（pH2.5～3.0），小心煮沸，慢慢滴加热草酸铵溶液 10ml，且不断搅拌，如溶液变橙色，则应加补盐酸溶液使其呈红色，煮沸数分钟，放置过夜使沉淀陈化（或在水浴上加热 2h）。用定量滤纸过滤，1＋50 的氨水溶液洗沉淀 6～8 次，至无草酸根离子（接滤液数毫升加硫酸溶液数滴，加热至 80℃，再加高锰酸钾溶液 1 滴，呈微红色，且半分钟不退色）。将沉淀和滤纸转入原烧杯中，加硫酸溶液 10ml，蒸馏水 50ml，加热至 75～80℃，用高锰酸钾标准溶液滴定，溶液呈粉红色，且半分钟不退色为终点。同时进行空白溶液的测定。

⑤计算公式

$$Ca（\%）= \frac{(V-V_0)\times c\times 0.02}{m\times \frac{V'}{100}}\times 100 = \frac{(V-V_0)\times c\times 200}{m\times V'}$$

式中，Ca——钙含量，%；

V——样品消耗高锰酸钾标准溶液的体积，ml；

V_0——空白消耗高锰酸钾标准溶液的体积，ml；

c——高锰酸钾标准溶液的浓度，mol/L；

V'——滴定时移取样品分解液体积，ml；

m——样品质量，g；

0.02——与 100mL 高锰酸钾标准溶液 [c（1/5KMnO$_4$）＝1.000mol/L] 相当的以克表示的钙的质量。

允许差：每个样品取两个平行样进行测定，以其算术平均值为结果。含钙量 10％以上，允许相对偏差 2％；含钙量在 5％～10％时，允许相对偏差 3％；含钙量 1％～5％时，允许相对偏差 5％；含钙量 1％以下，允许相对偏差 10％。

（2）乙二胺四乙酸二钠络合滴定法

用乙二胺四乙酸二钠标准溶液络合滴定钙，可快速测定钙的含量。

①试剂和溶液

实验用水应符合 GB/T 6682 中三级用水规格，使用试剂除特殊规定外均为分析纯。

盐酸羟胺。

三乙醇胺。

乙二胺。

盐酸水溶液（1＋3）。

氢氧化钾溶液（200g/L：称取 20g 氢氧化钾溶于100mL 水中）。

淀粉溶液（10g/L：称取 1g 可溶性淀粉入 200ml 烧杯中，加 5ml 水润湿，加 95ml。沸水搅拌，煮沸，冷却备用（现用现配））。

孔雀石绿水溶液（1g/L）。

钙黄绿素甲基百里香草酚蓝指示剂：0.10g 钙黄绿素与0.10g 甲基麝香草酚蓝与 0.03g 百里香酚酞、5g 氯化钾研细混匀，贮存于磨口瓶中备用。

钙标准溶液（0.0010g/ml）：称取 2.4974g 于 105～110℃ 干燥 3h 的基准物碳酸钙，溶于 40ml 盐酸中，加热赶除二氧化碳，冷却，用水移至 1000ml 容量瓶中，稀释至刻度。

乙二胺四乙酸二钠（EDTA）标准滴定溶液：称取 3.8gEDTA 入 200ml 烧杯中，加 200ml 水，加热溶解冷却后转至 1000ml 容量瓶中，用水稀释至刻度；EDTA 标准滴定溶液的标定（准确吸取钙标准溶液 10.0ml 按样品测定法进行滴定）；EDTA 滴定溶液对钙的滴定度按下式计算：

$$T = \frac{\rho \times V}{V_0}$$

式中，T——EDTA 标准滴定溶液对钙的滴定度（g/ml）；

ρ——钙标准溶液的质量浓度（g/ml）；

V——所取钙标准溶液的体积（ml）；

V_0——EDTA 标准滴定溶液的消耗体积（ml）。

所得结果应表示至 0.0001g/ml。

②仪器和设备

同高锰酸钾法。

③测定步骤

样品分解：同高锰酸钾法。

测定：准确移取样品分解液 5～25ml（含钙量 2～25mg）。加水 50ml，加淀粉溶液 10ml、三乙醇胺 2ml、乙二胺 1ml、1 滴孔雀石绿，滴加氢氧化钾溶液至无色，再过量 10ml，加 0.1g 盐酸羟胺（每加一种试剂都须摇匀），加钙黄绿素少许，在黑色背景下立即用 EDTA 标准滴定溶液滴定至绿色荧光消失呈现紫红色为滴定终点。同时做空白实验。

④计算公式

$$Ca（\%）= \frac{T \times V_2}{m \times \dfrac{V_1}{V_0}} \times 100 = \frac{T \times V_2 \times V_0}{m \times V_1} \times 100$$

式中，Ca——钙含量，%；

$\quad\quad T$——EDTA 标准滴定溶液对钙的滴定度，g/ml；

$\quad\quad V_0$——样品分解液的总体积，ml；

$\quad\quad V_1$——取样品分解液的体积，ml；

$\quad\quad V_2$——样品实际消耗 EDTA 标准滴定溶液的体积，ml；

$\quad\quad M$——样品的质量，g。

允许差：每个样品取两个平行样进行测定，以其算术平均值为结果。含钙量 10% 以上，允许相对偏差 2%；含钙量在 5%～10% 时，允许相对偏差 3%；含钙量 1%～5% 时，允许相对偏差 5%；含钙量 1% 以下，允许相对偏差 10%。

6.8 氨基酸含量

在抽穗期或某个生育期采样采样。测定方法按照 GB/T 18246—2000 饲料中氨基酸的测定。以 % 表示，精确到 0.01%。

用氨基酸自动分析仪可以测出 18 种氨基酸的含量，即天门冬氨酸、苏氨酸、丝氨酸、谷氨酸、脯氨酸、甘氨酸、丙氨酸、缬氨酸、胱氨酸、蛋氨酸、异亮氨酸、亮氨酸、酪氨酸、苯丙氨酸、赖氨酸、组氨酸、精氨酸和色氨酸。其中前 17 种氨基酸可以同时测出，色氨酸需要单独测定。

（1）前 17 种氨基酸的测定方法

①仪器和设备

氨基酸自动分析仪（茚三酮柱后衍生离子交换色谱仪，

要求各氨基酸的分辨率大于 90%）。

实验室用样品粉碎机。

样品筛（孔径 0.25mm）。

分析天平（感量 0.0001g）。

真空泵与真空规。

喷灯或熔焊机。

恒温箱或水解炉。

旋转蒸发器或浓缩器（可在室温至 65℃ 间调温，控温精度 ±1℃，真空度可低至 3.3×10^3 Pa（25mm 汞柱））。

②试剂和材料

除特别注明者外，所有试剂均为分析纯，水为去离子水，电导率小于 1s/m。

酸水解法：

常规水解：

酸解剂——盐酸溶液，c（HCl）＝6mol/L：将优级纯盐酸与水等体积混合。

液氮或干冰-乙醇（丙酮）。

稀释上机用柠檬酸钠缓冲液，pH 2.2，c（Na$^+$）＝0.2mol/L：称取柠檬酸三钠 19.6g，用水溶解后加入优级纯盐酸 16.5ml，硫二甘醇 5.0ml，苯酚 1g，加水定容至1000ml，摇匀，用 G4 垂熔玻璃砂芯漏斗过滤，备用。

不同 pH 和离子强度的洗脱用柠檬酸钠缓冲液（按仪器说明书配制）。

茚三酮溶液（按仪器说明书配制）。

氨基酸混合标准储备液（含 L-天门冬氨酸、L-苏氨酸等 17 种常规蛋白水解液分析用层析纯氨基酸，各组分浓度

c（氨基酸）＝2.50（或 2.00）μmol/ml）。

混合氨基酸标准工作液（吸取一定量的氨基酸混合标准储备液置于 50ml 容量瓶中，以稀释上机用柠檬酸钠缓冲液定容，混匀，使各氨基酸组分浓度 c（氨基酸）＝100nmol/ml）。

氧化水解：按 GB/T 15399—1994 中（7.1）氧化水解步骤操作。

碱水解法：

碱解剂——氢氧化锂溶液 c（LiOH）＝4mol/L：称取一水合氢氧化锂 167.8g，用水溶解并稀释至 1000ml。使用前取适量超声或通氮脱气。

液氮或干冰-乙醇（丙酮）。

盐酸溶液，c（HCl）＝6mol/L：将优级纯盐酸与水等体积混合。

稀释上机用柠檬酸钠缓冲液，pH4.3，c（Na$^+$）＝0.2mol/L：称取柠檬酸三钠 14.71g、氰化钠 2.92g 和柠檬酸 10.50g，溶于 500ml 水，加入硫二甘醇 5ml 和辛酸 0.1ml，最后定容至 1000ml。

不同 pH 和离子强度的洗脱用柠檬酸钠缓冲液与茚三酮溶液（按仪器说明书配制）。

L-色氨酸标准储备液：准确称取层析纯 L-色氨酸 102.0mg。加少许水和数滴 0.1mol/l 氢氧化钠，使之溶解，定量地转移至 100ml 容量瓶中，加水至刻度。c（色氨酸）＝5.00μmol/ml。

氨基酸混合标准储备液：含 L-天门冬氨酸、L-苏氨酸等 17 种常规蛋白水解液分析用层析纯氨基酸，各组分浓度

c（氨基酸）＝2.50（或 2.00）μmol/ml。

混合氨基酸标准工作液：准确吸取 2.00ml L-色氨酸标准储备液和适量的氨基酸混合标准储备液，置于 50ml 容量瓶中并用 pH4.3 稀释上机用柠檬酸钠缓冲液定容。该液色氨酸浓度为 200nmol/ml，而其他氨基酸浓度为 100nmol/ml。

酸提取法：

提取剂——盐酸溶液，c（HCl）＝0.1mol/L：取 8.3ml 优级纯盐酸，用水定容至 1000ml，混匀。

不同 pH 和离子强度的洗脱用柠檬酸钠缓冲液（按仪器说明书配制）。

茚三酮溶液（按仪器说明书配制）。

蛋氨酸、赖氨酸和苏氨酸标准储备液：于三只 100ml 烧杯中，分别称取蛋氨酸 93.3mg、赖氨酸盐酸盐 114.2mg 和苏氨酸 74.4mg，加水约 50ml 和数滴盐酸溶解，定量地转移至各自的 250ml 容量瓶中，并用水定容。该液各氨基酸浓度 c（氨基酸）＝2.50μmol/ml。

混合氨基酸标准工作液：分别吸取蛋氨酸、赖氨酸和苏氨酸标准储备液各 1.00ml 于同一 25ml 容量瓶中，用水稀释至刻度。该液各氨基酸的浓度 c（氨基酸）＝100nmol/ml。

样品：取具有代表性样品，用四分法缩减分取 25g 左右，粉碎并过 0.25mm 孔径（60 目）筛，充分混匀后装入磨口瓶中备用。

酸水解样品按 GB/T 6432 测定蛋白质含量。

碱水解样品按 GB/T 6433 测定粗脂肪含量。

对于粗脂肪含量大于、等于5%的样品，需将脱脂后的样品风干、混匀，装入密闭容器中备用。而对粗脂肪小于5%的样品，则可直接秤用未脱脂样品。

③分析步骤

样品前处理：

酸水解法：

常规水解法：称取含蛋白7.5~25mg的试样（约50~100mg，准确至0.1mg）于20ml安瓿中，加10.00ml酸解剂，置液氮或干冰（丙酮）中冷冻，然后，抽真空至7Pa（≤5×10⁻²mm汞柱）后封口。将水解管放在110±1℃恒温干燥箱中，水解22~24h。冷却，混匀，开管，过滤，用移液管吸取适量的滤液，置旋转蒸发器或浓缩器中，60℃，抽真空，蒸发至干，必要时，加少许水，重复蒸干1~2次。加入3~5ml pH2.2稀释上机用柠檬酸钠缓冲液，使样液中氨基酸浓度达50~250nmol/ml，摇匀，过滤或离心。取上清液上机测定。

氧化水解法：按GB/T 15399—1994中7.1规定操作。

碱水解法：称取50~100mg的饲料试样（准确至0.1mg），置于聚四氟乙烯衬管中，加1.50ml碱解剂，于液氮或干冰乙醇（丙酮）中冷冻，而后将衬管插入水解玻管，抽真空至7Pa（≤5×10⁻²mm汞柱），或充氮（至少5min），封管。然后，将水解管放入110±1℃恒温干燥箱，水解20h。取出水解管，冷至室温，开管，用稀释上机用柠檬酸钠缓冲液将水解液定量地转移到10ml或25ml容量瓶中，加入盐酸溶液约1.00ml中和，并用上述缓冲液定容。离心或用0.45μm滤膜过滤后，取清液贮于冰箱中，供上机测定使用。

酸提取法：称取 1～2g 饲料试样（蛋氨酸含量≤4mg，赖氨酸可略高），加 0.1mol/L 盐酸提取剂 30ml，搅拌提取 15min，沉放片刻，将上清液过滤到 100ml 容量瓶中，残渣加水 25ml，搅拌 3min，重复提取两次，再将上清液过滤到上述容量瓶中，用水冲洗提取瓶和滤纸上的残渣，并定容。摇匀，清液供上机测定。若试样提取过程中，过滤太慢，也可离心 10min（4000r/min）。

测定：用相应的混合氨基酸标准工作液按仪器说明书，调整仪器操作参数和（或）洗脱用柠檬酸钠缓冲液的 pH，使各氨基酸分解率≥85%，注入制备好的试样水解液和相应的氨基酸混合标准工作液，进行分析测定。酸解液每 10 个单样为一组，碱解液和酸提取液每 6 个单样为一组，组间插入混合氨基酸标准工作液进行校准。

④计算公式

分别用式（1）和式（2）计算氨基酸在试样中的质量百分比。

$$\omega_{1i}(\%) = \frac{A_{1i}}{m} \times 10^{-6} \times D \times 100 \qquad (1)$$

$$\omega_2(\%) = \frac{A_2}{m} \times (1-F) \times 10^{-6} \times D \times 100 \qquad (2)$$

式中，ω_{1i}——用未脱脂试样测定的某氨基酸的含量，%；

ω_2——用脱脂试样测定的某氨基酸的含量，%；

A_{1i}——每毫升上机水解液中氨基酸的含量，ng；

A_2——每毫升上机液中色氨酸的含量，ng；

m——试样质量，mg；

D——试样稀释倍数；

F——样品中的脂肪含量（％）。

允许差：以两个平行试样测定结果的算术平均值报告结果。对于酸解或酸提取液测定的氨基酸，当含量小于或等于0.5％时，两个平行试样测定值的相对偏差不大于5％；含量大于0.5％时，相对偏差不大于4％。对于色氨酸，当含量小于0.2％时，两个平行试样测定值相对偏差不大于0.03％；含量大于等于0.2％时，相对偏差不大于5％。

（2）色氨酸的测定方法

采用反相高效液色谱相（RP-HPLC）法，所用仪器、缓冲液和测定条件与上述方法稍有不同，做如下变换：

反相液相色谱仪：具适当内径、长度和柱材粒度的 C18柱、紫外（UV）或荧光检测仪。

流动相：乙酸钠缓冲液 $[c（Na^+）=0.0085mol/L$ 的乙酸钠溶液用乙酸调节 pH 至 4.0，用 $0.45\mu m$ 的滤膜过滤]＋甲醇＝95＋5。

测定：

条件：柱温为室温；流动相流速为 1.5ml/min；

检测：紫外检测波长为 280nm；

荧光检测：激发波长为 283nm；发射波长为 343nm；

进样量：$15\mu L$。

其他所用设备及试剂、样品前处理等均同上述 17 种氨基酸的测定方法。先从混合氨基酸标准工作液开始分析，每6 个水解液为一组，组间插入氨基酸标准工作液进行校准。结果计算和允许差同上。

6.9　水分含量

在抽穗期或某个生育期采样采样。按照 GB/T 6435—

1986 饲料水分的测定方法。以％表示，精确到 0.01％。

（1）仪器设备

实验室用样品粉碎机或研钵；

分样筛（孔径 0.45mm（40 目））；

分析天平（感量为 0.0001g）；

电热式恒温烘箱（可控制温度为 105±2℃）；

称样皿（玻璃或铝质，直径 40mm 以上，高 25mm 以下）；

干燥器（用氯化钙（干燥试剂）或变色硅胶作干燥剂）。

（2）样品的选取和制备

选取有代表性的样品，其原始样量应在 1000g 以上。用四分法将原始样品缩至 500g，风干后粉碎至 40 目，再用四分法缩至 200g，装入密封容器，放阴凉干燥处保存。如样品是多汁的鲜样，或无法粉碎时，应预先干燥处理，称取样品 200～300g，在 105℃ 烘箱中烘 15min，立即降至 65℃，烘干 5～6h。取出后，在室内空气中冷却 4h，称重，即得风干样品。如果按此步骤进行过预干处理，应按下式计算原来样品中所含水分总量：

原样品总水分（％）＝预干燥减重（％）＋[100－预干燥
减重（％）]×风干样品水分（％）

（3）测定步骤

洁净称样皿，在 105±2℃烘箱中烘 1h，取出，在干燥器中冷却 30min，称准至 0.0002g，再烘干 30min，同样冷却，称重，直至两次重量之差小于 0.0005g 为恒重。用已恒重称样皿称取两份平行样品，每份 2～5g（含水重 0.1g 以上，样品厚度 4mm 以下）。准确至 0.0002g，不盖称样皿盖，在 $105 \pm 2℃$ 烘箱中烘 3h（以温度到达 $105℃$ 开始计时），取出，盖好称样皿盖，在干燥器中冷却 30min，称重。再同样烘干 1h，冷却，称重，直至两次称重之重量差小于 0.002g。

（4）计算公式

$$W（\%）= \frac{W_1 - W_2}{W_1 - W_0} \times 100$$

式中，W——水分含量，$\%$；

W_1——$105℃$烘干前样品及称样皿重，g；

W_2——$105℃$烘干后样品及称样皿重，g；

W_0——已恒重的称样皿重，g。

允许差：每个样品应取两个平行样进行测定，以其算术平均值为结果。两个平行样测定值相差不得小于 0.2%，否则重做。

6.10 茎叶质地

采用感观测试方法，目测红三叶细嫩或细软，结合下列标准确定质地级别。

①柔嫩（无刺无毛，手抓青草或干草时柔软而无扎手的感觉）

②中等（感观测试居于柔嫩和粗硬二者之间）

③粗硬（秆硬叶糙，植物体多具刺，手抓或触及时有扎手或刺痛感，用手折断其茎秆和枝叶时难度大）

因牧草在新鲜与干燥情况下其茎、叶软硬的差异较大，因此记载时说明测试样品的鲜、干状态。

6.11 适口性

指牲畜对红三叶的嗜食程度。根据采食状况和下列说明，确定红三叶适口性等级。

①嗜食（特别喜食，在任何情况下，家畜都挑选采食，表现很贪食，适口性属优等）

②喜食（一般情况下家畜都吃，但不专门从草丛中挑选，适口性良好）

③乐食（家畜经常采食，但不像前2类那样贪食喜爱，适口性中等）

④采食（可以吃，但不太喜食，只有在上述植物没有的情况下才肯采食，适口性中下等）

⑤少食（不愿采食的植物，一般情况很少采食，适口性下等）

⑥不食（不采食的植物，适口性劣等）

7 抗逆性

7.1 抗旱性（参考方法）

红三叶忍耐或抵抗干旱的能力。红三叶种质材料抗旱性采用田间目测法和苗期鉴定法。

（1）田间目测法

每个观察材料要设3次重复，在自然干旱或人工干旱条件下观察红三叶的抗旱表现。目测法估计干旱发生的程度，一般可分为五级。

①强（干旱期间无旱害征象，自然生长正常者。为5分）

②较强（植株上个别叶子发生轻度的萎蔫。为4分）

③中等（大部分植株的茎叶呈现萎蔫状态并有黄叶黄尖现象，但并未停止生长者。为3分）

④弱（大部分植株呈现萎蔫状态，停止生长，并有少量植株死亡者。为2分）

⑤最弱（全部植株萎蔫，小区内有30％以上植株死亡，为1分）

（2）苗期鉴定法—复水法

①将红三叶种子播于装有15cm厚的中等肥力壤土（即单产在200kg/亩左右）的塑料箱（60cm×40cm×20cm）内。每个处理三次重复，每个重复50株苗（行距6cm，株距5cm），覆土2cm，灌水至田间持水量的85％±5％。在20℃±5℃的温室条件下，每天日照12h。

②第一次干旱胁迫—复水处理

幼苗长至三叶时停止供水，开始进行干旱胁迫。当土壤含水量降至田间持水量的20％～15％时复水，使土壤水分达到田间持水量的80％±5％。复水120h后调查存活苗数，以叶片变成鲜绿色者为存活。

③第二次干旱胁迫—复水处理

第一次复水后即停止供水，进行第二次干旱胁迫。当土壤含水量降至田间持水量的20％～15％时，第二次复水，使土壤水分达到田间持水量的80％±5％。120h后调查存活苗数，以叶片变成鲜绿色者为存活。

④幼苗干旱存活率的实测值

计算公式：

$$DS = \frac{DS_1 + DS_2}{2}$$

$$= \left(\frac{XDS_1}{XTT} \times 100 + \frac{XDS_2}{XTT} \times 100 \right) \times \frac{1}{2}$$

式中，DS——干旱存活率的实测值；

DS_1——第一次干旱存活率；

DS_2——第二次干旱存活率；

XTT——第一次干旱前三次重复总苗数的平均值；

XDS_1——第一次复水后三次重复存活苗数的平均值；

XDS_2——第二次复水后三次重复存活苗数的平均值。

⑤苗期抗旱性判定规则

根据反复干旱下苗期干旱存活率将红三叶种质材料抗旱性分为5级。分级标准如下：

0　极强（HR）（干旱存活率≥70.0%）

1　强（R）（干旱存活率60.0%～69.9%）

2　中等（MR）（干旱存活率50.0%～59.9%）

3　弱（S）（干旱存活率40.0%～49.9%）

4　极弱（HS）（干旱存活率≤39.9%）

7.2　抗寒性（参考方法）

红三叶忍受或抵抗低温危害的性能。红三叶抗寒性鉴定的方法和指标可采用田间目测法、盆栽幼苗冷冻法和电导法。

（1）田间目测法

在初冬及早春季节调查植株冻害及越冬率。实验小区面积至少20m²，采用目测法调查植株的越冬率。每个观察材料设3次重复（3个小区），各小区采用5点取样法，每点随机取30株，计算越冬率。根据植株越冬率，将抗寒性分为5级，分级标准如下：

①强（越冬率大于 90%，为 5 分）

②较强（越冬率在 75%～90%，为 4 分）

③中等（越冬率在 50%～74%，为 3 分）

④弱（越冬率在 30%～49%，为 2 分）

⑤最弱（越冬率小于 30%，为 1 分）

（2）盆栽幼苗冷冻法

将种子播在装有草炭和蛭石（3∶1）的育苗盘内，育苗盘大小为 32cm×45cm×15cm，每份种质材料设 3 次重复，每个重复 20～30 株苗，株距 2.5cm，行距 6cm。置于人工气候室内育苗。出苗前温度 25℃，出苗后温度为白天 25～28℃，晚间 15～20℃，每天光照 16h，正常浇水。幼苗生长到 3～4 叶期或分蘖期时，置于 5～15℃，低温条件下胁迫 7～10d。观察幼苗的冷害症状，比较不同材料在冷害处理后的植株的存活率，以此评价不同材料的抗寒性。根据植株的存活率，将抗寒性分为 5 级：

①强（存活率在 81%以上，为 5 分）

②较强（存活率在 61%～80%，为 4 分）

③中等（存活率在 41%～60%，为 3 分）

④弱（存活率在 20%～40%，为 2 分）

⑤最弱（存活率在 20%以下，为 1 分）

（3）电导法

植株组织逐步受到零下低温胁迫后，细胞质膜受害逐步加重，透性发生变化，细胞内含物外渗，使浸提液电导率增高。活组织受害越重，离子外渗量越大，电导率也越高，表明植株抗寒性越弱，反之，越强。

①幼苗培养——采用沙基培养。试验种子用 5%的

NaCl 消毒，播种在塑料培养筛（35cm×25cm×15cm，下有排水孔）中，播种深度 2cm，喷适度的自来水，移入培养箱中，出苗后改用 Hong-land 营养液培养。生长箱内昼夜温度为 22/18±1℃，相对湿度为 70±10%，光强为 8000～85000lx，光期 12h。

②低温处理——待幼苗长出 6～7 片叶后，采取整株幼苗 1～2g，用自来水冲洗 3 次，用滤纸吸干水分，放入冰箱，在 5℃下放置 2h。对每种鉴定材料在生长箱进行不同温度（-5℃，-10℃，-15℃，-20℃，-25℃，-32℃）和不同时间（1、2、3、4、5h）处理，至少 6 次重复。采用控温仪器监控温度，温度波动范围±1℃。低温处理后的幼苗再冻 1h 后，进细胞膜相对透性的测定。低温处理的材料，也可采取 90d 苗龄，同龄，同位、同色的叶片做试验处理。

③相对电导率及拐点温度指标测定——将低温处理的幼苗用无离子水冲洗 3 次，放入试管中，每管装上 5ml 无离子水，用玻璃棒压住，真空抽气 15min，震荡 10min，1h 后测定初电导率。细胞膜透性变化用相对电导率表示：

$$K = \frac{K_0}{K_1} \times 100$$

式中，K——相对电导率，%；

K_0——初电导率；

K_1——煮沸电导率。

根据测得的相对电导率，配以 Logistic 方程，$Y = \dfrac{K}{1+e^{-bx}}$ 计算出拐点温度，即组织半致死（LT_{50}），表示植物的抗寒力。

7.3 耐热性

红三叶忍受或抵抗高温危害的性能。红三叶耐热性鉴定的方法和指标可采用田间目测法和盆栽法。

（1）目测法

在自然条件下最炎热的季节之后调查植株越夏存活率。实验小区面积至少 $20m^2$（矮秆密行条播禾草）或 $40m^2$（高秆宽行条播禾草），并记载小区栽培管理状况。用目测法调查植株越夏存活率，每个观察材料设 3 次重复（3 个小区），采用 5 点取样法，每点随机取 20～30 株，统计植株的越夏率。根据越夏率，将植株的耐热性分为 5 级，分级标准如下：

0 强（越夏存活率大于 91%，为 5 分）

1 较强（越夏存活率在 76%～90%，为 4 分）

2 中等（越夏存活率 51%～75%，为 3 分）

3 较弱（越夏存活率 30%～50%，为 2 分）

4 最弱（越夏存活率小于 30%，为 1 分）

（2）盆栽法

采用苗期盆栽耐热性鉴定。将种子播在装有草炭和蛭石（3：1）的育苗盘内，育苗盘大小约为 $32cm×45cm×15cm$，每份种质材料设 3 次重复，每个重复 20～30 株苗，株距 2.5cm，行距 6cm。置于人工气候室内育苗。出苗前温度 25℃，出苗后温度为白天 25～28℃，晚间 15～20℃，每天光照 16h，定期浇水。幼苗生长到 3～4 叶期或分蘖期时，进行高温处理，温度设为 35～40℃，处理到部分鉴定材料出现整株叶片呈现萎蔫枯死时停止处理，处理期间正常浇水。热胁迫结束后，调查幼苗的热害症状，根据热害症状，将鉴定种质材料的抗热性分为 5 级：

0 强（无热害症状或 10% 以下的叶变黄，为 5 分）

1 较强（热害症状不明显，10%～30% 的叶片变黄，为 4 分）

2 中等（热害症状较为明显，30%～60% 的叶片变黄，为 3 分）

3 较弱（热害症状极为明显，60% 以上叶片变黄，少数叶片萎蔫枯死，为 2 分）

4 最弱（热害症状极为严重，整株叶片萎蔫枯死，为 1 分）

7.4 耐盐性（参考方法）

红三叶对土壤中盐碱类物质的忍受能力。采用苗期耐盐性鉴定法。

（1）播种及育苗

取大田土壤（非盐碱地）过筛，用无孔塑料花盆（12.5cm×12cm×15.5cm），每盆装大田土 1.5kg，装土时，取样测定土壤中含盐及含水量。每盆播种 20～30 粒种子，出苗后间苗，2 叶期之前定苗，每盆保留生长健壮整齐一致的幼苗 10 株。

（2）盐处理

按照土壤干重的百分比加化学纯 NaCl 进行盐处理，处理浓度依次为 0（CK）、0.4%、0.6%、0.8%、1.0%NaCl（分析纯），将盐溶解在一定量的自来水中，使盐处理后的土壤含水率为最大持水量的 70%，加等量的自来水作对照，重复 3 次，即每个处理 3 个盆。盐处理后及时补充所蒸发的水分，使土壤含水量保持不变。

（3）耐盐性评价鉴定

盐处理 30d 时结束试验，调查各处理的存活苗数，以相对于对照的百分率表示。根据耐盐性级别标准（参考 Díaz de LeónJ 等的方法制定）对参试红三叶种质资源的耐盐性进行鉴定与评价（具体评价标准见表 1）。

表 1　红三叶苗期耐盐性评价标准

浓度	存活率（%）				
	5 分	4 分	3 分	2 分	1 分
0.4%	>90.0	90～65	64.9～35	34.9～20	<20
0.6%	>75.0	75～50	49.9～25	24.9～15	<15
0.8%	>55.0	55～35	34.9～15	14.9～5	<5
1.0%	>35.0	35～20	19.9～5	4.9～3	<3

根据红三叶在不同盐浓度下得分的总和，可将红三叶种质材料的耐盐性分为 5 级：

0　强（总得分>16）

1　较强（总得分 13～16）

2　中等（总得分 9～12）

3　弱（总得分 5～8）

4　最弱（总得分<5）

8　抗病性

8.1　花霉病（*B. trifolii Beyma Thoe Kingma*）

三叶草花霉病是栽培或野生红三叶的危害性病害，病原真菌系统性存在于全株，但病株外观与健株并无区别。仅在开花后才可以看到花药和雌蕊覆盖灰色粉末和霉层，花冠呈污白色或暗淡的紫色，所结种子多为瘪粒。

采用田间目测法。在花霉病发生较严重的季节调查红三叶植株花霉病的发生情况。同时记载，寄主的生育期及气候条件（温度和湿度）。每个观察材料设 3 次重复（3 个小区），各小区采用 5 点取样法，每点随机调查 40~50 分枝，进行病害等级的评价，病级分级标准如下：

病级	病情
0	花药和雌蕊上无灰色粉末和霉层
1	花药和雌蕊上灰色粉末和霉层在 10% 以下
2	花药和雌蕊上灰色粉末和霉层在 10%~30%
3	花药和雌蕊上灰色粉末和霉层在 31%~50%
4	花药和雌蕊上灰色粉末和霉层在 50% 以上

病情指数计算公式为：

$$DI = \frac{\sum (n_i \times S_i)}{3 \times N} \times 100$$

式中，DI——病情指数；

$\qquad S_i$——发病级别；

$\qquad n$——相应发病级别的株数；

$\qquad i$——病情分级的各个级别；

$\qquad N$——调查总株数。

种质材料群体对花霉病的抗性根据田间病情指数分为 5 级，即：

0	高抗（HR）	$0 < DI \leqslant 10$
1	抗病（R）	$10 < DI \leqslant 20$
2	中抗（MH）	$20 < DI \leqslant 30$
3	感病（S）	$30 < DI \leqslant 40$
4	高感（HS）	$40 < DI$

8.2 北方炭疽病 (*Kabatiella caulivora Karak*)

采用田间目测法。在北方炭疽病发生较严重的季节调查红三叶植株北方炭疽病的发生情况。同时记载,寄主的生育期及气候条件(温度和湿度)。每个观察材料设 3 次重复(3 个小区),各小区采用 5 点取样法,每点随机调查 40～50 枝,进行病害等级的评价,病级分级标准如下:

病级	病情
0	叶柄和茎上无黑色病斑
1	叶柄和茎上黑色病斑在 10％以下
2	叶柄和茎上黑色病斑在 10％～30％
3	叶柄和茎上黑色病斑在 31％～50％
4	茎上形成黑色溃疡状斑下限易断,叶片干枯易脱落

病情指数计算公式为:

$$DI = \frac{\sum (n_i \times S_i)}{3 \times N} \times 100$$

式中,DI——病情指数;

$\qquad S_i$——发病级别;

$\qquad n$——相应发病级别的株数;

$\qquad i$——病情分级的各个级别;

$\qquad N$——调查总株数。

种质材料群体对麦角病的抗性根据田间病情指数分为 5 级,即:

0	高抗(HR)	$0 < DI \leqslant 5$
1	抗病(R)	$5 < DI \leqslant 10$
2	中抗(MH)	$10 < DI \leqslant 20$

3　感病（S）　　　$20<DI\leqslant30$

4　高感（HS）　　$30<DI$

8.3　锈病（Uromyces trifolii）

红三叶锈病采用苗期人工接种鉴定法。

（1）鉴定材料的准备

①播种育苗

将红三叶种子播于装有混合物（土壤∶草炭∶蛭石＝1∶1∶1）的育苗盘内。每个处理最少要有 3 个重复，每个重复有 30 株材料。在 $20\sim25℃$、每天日照 12h 的生长箱或温室中培育试验材料。

②接种体的培养和保存

从感病的红三叶植株上摇下或刷下新鲜的夏孢子用来接种，也可用冰箱或液氮中保存的夏孢子作为接种源。夏孢子可在 4℃ 的冰箱中保存几周，但是萌发率会略有下降。夏孢子可在液氮中保存几年，且不会丧失其生活力。为了保证夏孢子的质量，最好用感病的活体植株保存夏孢子。

（2）接种方法

待红三叶长至 2 叶 1 心期接种病菌。用蒸馏水加吐温（Tween）20 配成 0.1‰水溶液，再用毛笔蘸取夏孢子放入叶温的水溶液中，充分搅匀，即成孢子悬浮液。孢子悬浮液浓度为 2×10^5 个孢子/ml。接种前将混合后的孢子悬浮液离心 20min，以使孢子分散均匀，随后将悬浮液喷在植株上。将接种后的植株保持在相对湿度 100%、10℃ 以下的暗室中保湿 24h，以利于病原菌的侵染。也可以将植株放在湿润箱、塑料盒子或塑料袋中保湿。然后移入温室内，在 20℃ 的条件下，每天日照 16h。

（3）病害评价

接种后的 14～17d 就可以进行病害等级的评价。病级分级标准如下：

病级　　　　病情

0　　　　　无感病症状

1　　　　　夏孢子堆占叶面积 1％～5％

2　　　　　夏孢子堆占叶面积 6％～10％

3　　　　　夏孢子堆占叶面积 11％～20％

4　　　　　夏孢子堆占叶面积 20％以上

病情指数计算公式为：

$$DI = \frac{\sum(n_i \times S_i)}{3 \times N} \times 100$$

式中，DI——病情指数；

　　　S_i——发病级别；

　　　n——相应发病级别的株数；

　　　i——病情分级的各个级别；

　　　N——调查总株数。

种质材料群体对锈病的抗性根据苗期病情指数分为 5 级，即：

0　高抗（HR）　　0＜DI≤5

1　抗病（R）　　　5＜DI≤10

2　中抗（MH）　　10＜DI≤20

3　感病（S）　　　20＜DI≤30

4　高感（HS）　　　30＜DI

8.4　白粉病（*Erysiphe polygoni*）

红三叶锈病采用苗期人工接种鉴定法。

（1）鉴定材料的准备

①播种育苗

将红三叶种子播于装有混合物（土壤：草炭：蛭石＝1：1：1）的育苗盘内。每个处理最少要有 3 个重复，每个重复有 30 株材料。在 20～25℃、每天日照 12h 的生长箱或温室中培育试验材料。

②接种体的培养和保存

从感病的红三叶上采集闭囊壳，放入 2～5℃冰箱中保存，也可在温室内活体植株上保存病菌。

（2）接种方法

待红三叶长至 2 叶 1 心期接种病菌。从田间自然发病的植株上采集分生孢子。用毛笔刷取叶片上长出的新鲜孢子，然后放入盛有无菌水的烧杯中，再滴加 Tween-20（每100ml 加入 2 滴 Tween 20），搅拌均匀即得孢子悬浮液。用血球计数板计数分生孢子数。接种浓度为 $1.6～3×10^5$ 个孢子/mL。采用喷雾接种法。用小型手持喷雾器将上述接种液均匀地喷于植物叶片上。接种后于 19℃的温室内黑暗保湿16h。后转入 18～25℃温室内进行正常管理。

（3）病害评价

接种后 10d 调查发病情况。记录病株数及病级。病级的分级标准如下：

病级	病情
0	无病症
1	病斑面积占叶面积的 1/3 以下，白粉模糊不清
2	病斑面积占叶面积的 1/3～2/3，白粉较为明显
3	白粉层浓厚，叶片开始变黄、坏死
4	叶片坏死斑面积占叶面积的 2/3 以上

计算计算病情指数，公式为：

$$DI = \frac{\sum (n_i \times S_i)}{5 \times N} \times 100$$

式中，DI——病情指数；

S_i——发病级别；

n——相应发病级别的株数；

i——病情分级的各个级别；

N——调查总株数。

红三叶种质材料群体对白粉病的抗性依苗期病情指数分5级。

0 高抗（HR） $0 < DI \leqslant 25$

1 抗病（R） $25 < DI \leqslant 45$

2 中抗（MR） $45 < DI \leqslant 65$

3 感病（S） $65 < DI \leqslant 80$

4 高感（HS） $80 < DI$

9 其他特征特性

9.1 利用方式

红三叶作为家畜的营养来源，其利用方式多种多样，可以直接利用新鲜草饲喂，也可以将红三叶加工成草产品或青贮饲料饲喂，利用方式可分为3类。

0 鲜草（草食家畜载天然草地上直接放牧或将新鲜的植株刈割后舍饲家畜）

1 干草（是反刍家畜的主要饲草，其水分低于15%，能安全贮存而不腐烂）

2 青贮（是在厌氧条件下，经过乳酸菌发酵调制保存

的青绿多汁饲料）

9.2 染色体倍数

红三叶细胞染色体镜检是鉴别红三叶种质资源染色体倍性的主要方法，在染色体镜检中，多采用挤压法，所用染色剂多为醋酸系列染色剂；样品选取，一般选择细胞分裂旺盛、组织幼嫩的部位，例如，根尖和胚根、幼叶等。

根尖和幼叶的染色体镜检步骤如下：

待红三叶种子萌发后幼根长至 1cm 左右时，从其尖端取一段作为样品。用醋酸乙醇固定剂中固定半小时以上，移入软化剂（醋酸、盐酸、硫酸软化剂）中软化 3～5min（见样品由白色变为半透明为止），将样品自软化剂中取出，放到载玻片上，加上盖玻片，并在盖玻片上加压，将样品压薄，再用针尖将盖玻片挑开一个缝隙，用滴管沿缝隙加一滴染色剂（1‰醋酸地衣红或 1‰醋酸酚蓝），染色 3min 后将针取去，挤去多余的染色剂，进行镜检，挑选处于四分体阶段的小孢子母细胞进行染色体记数，即可确定该样品染色体倍性。

9.3 核型

采用细胞学方法对染色体的数目、大小、形态和结构进行鉴定。以核型公式表示，如，2n＝4x＝28＝26m(6SAT)＋2sm。

9.4 指纹图谱与分子标记

对进行过指纹图谱分析或重要性状分子标记的牧草种质，记录指纹图谱或分子标记的方法，并注明所用引物、特征带的分子大小或序列以及标记的性状和连锁距离。

9.5 备注

红三叶种质特殊描述符或特殊代码的具体说明。

六、红三叶种质资源
数据采集表

1 基本信息

全国统一编号（1）		种质库编号（2）	
圃编号（3）		引种号（4）	
采集号（5）		种质名称（6）	
种质外文名（7）		科名（8）	
属名（9）		学名（10）	
原产国（11）		原产省（12）	
原产地（13）		地理分布（14）	
来源地（15）		海拔高度（16）	m
经度（17）		纬度（18）	
气候带（19）		气候区（20）	
年均温度（21）		年均降水量（22）	
地形（23）		生态系统类型（24）	
生境（25）		保存单位（26）	
保存单位编号（27）		系谱（28）	
选育单位（29）		育成年份（30）	
选育方法（31）		种质类型（32）	0：野生资源 1：地方品种 2：选育品种 3：品系　4：特殊遗传材料 5：其他

（续）

种质保存类型（33）	0：种子 1：植株 2：花粉 3：DNA 4：其他	图象（34）	
观测地点（35）		观测地海拔（36）	
观测地经度（37）		观测地纬度（38）	
观测地年均温（39）	℃	观测地最低气温（40）	℃
观测地最高气温（41）	℃	观测地年均降水量（42）	mm
土壤类型（43）		土壤质地（44）	0：砂土 1：砂壤土 2：壤土 3：黏壤土 4：黏土
土壤有机质含量（45）	%	土壤 pH 值（46）	
种植方式（47）	0：穴播 1：条播 2：撒播	田间施肥（48）	
田间灌溉（49）			

2 形态特征和生物学特性

根系入土深度（50）	cm	物候类型（51）	0：早熟型 1：晚熟型
生长年限（52）	0：2～5年 1：2～9年	株高（53）	cm
主茎分枝（54）	个	茎形态（55）	0：直立 1：平卧上升
茎颜色（56）	0：青色 1：紫色环状条纹	茎被毛（57）	0：无 1：疏生柔毛
叶面斑纹（58）	0：白色 V 形斑纹 1：淡紫色 V 形斑纹	叶宽（59）	cm
叶长（60）	cm	小叶形态（61）	0：卵状椭圆形 1：倒卵形 2：卵形

（续）

小叶被毛（62）	0：无毛 1：长柔毛	小叶数（63）	片
叶柄被毛（64）	0：无 1：有	总花梗（65）	0：无 1：有
花序形态（66）	0：球状 1：卵状	花序着生方式 （67）	0：茎顶部 1：自叶腋处 长出
花颜色（68）	0：紫红色 1：淡紫色	花序长度（69）	cm
旗瓣形态（70）	0：微凹缺 1：先端圆形	萼齿长（71）	0：近等长 1：下方1齿 最长
每花序所含种子数 （72）	0：10 1：＞10	种子形状（73）	0：肾形 1： 椭圆形 2：橄 榄球形
种子颜色（74）	0：褐黄色 1：紫色 2：棕 黄色	种子长度（75）	mm
种子宽度（76）	mm	播种期（77）	
出苗期（78）		返青期（79）	
分枝期（80）		现蕾期（81）	
开花期（82）		结荚期（83）	
成熟期（84）		生育天数（85）	天
枯黄期（86）		生长天数（87）	天
再生性（88）	0：良好 1： 中等 2：较差	落粒性（89）	0：不落性 1：稍易落性 2：极易性
千粒重（90）	g	发芽势（91）	％
发芽率（92）	％	种子活力（93）	％
种子寿命（94）	0：短命 1： 中命 2：长命		
鲜草重量（95）	kg/hm²	干草重量（96）	kg/hm²
种子产量（97）	kg/hm²	茎叶比（98）	％

（续）

3 品质特性

粗蛋白含量（99）	%	粗脂肪含量（100）	%
粗纤维素含量（101）	%	无氮浸出物含量（102）	%
粗灰分（103）	%	磷含量（104）	%
钙含量（105）	%	氨基酸含量（106）	%
水分含量（107）	%	茎叶质地（108）	0：细嫩 1：中等 2：粗硬
适口性（109）	0：嗜食 1：喜食 2：乐食 3：采食 4：少食 5：不食		

4 抗逆性

抗旱性（110）	0:极强 1:强 2:中等 3:弱 4:极弱	抗寒性（111）	0：强 1：较强 2：中等 3:弱 4:最弱
耐热性（112）	0:强 1:较强 2:中等 3:弱 4:最弱	耐盐性（113）	0：强 1：较强 2：中等 3:弱 4:最弱

5 抗病性

花霉病抗性（114）	0：高抗 1：抗病 2：中抗 3：感病 4：高感
北方炭疽病抗性（115）	0：高抗 1：抗病 2：中抗 3：感病 4：高感
锈病抗性（116）	0：高抗 1：抗病 2：中抗 3：感病 4：高感
白粉病抗性（117）	0：高抗 1：抗病 2：中抗 3：感病 4：高感

（续）

6　其他特征特性

利用方式（119）	0：鲜草　1：干草　2：青贮
染色体倍数（120）	0：二倍体　1：四倍体　2：六倍体

核型（121）		指纹图谱与分子标记（122）	
备注（123）			

填表人：　　　　　审核：　　　　　　　　　　　　日期：

七、红三叶种质资源利用
情况报告格式

1 种质利用概况

当年提供利用的种质类型、份数、份次、提供单位数等。

2 种质利用效果及效益

包括当年和往年提供利用后育成的品种、品系、创新材料、生物技术利用、环境生态，开发创收等社会经济和生态效益。

3 种质利用存在的问题和经验

重视程度，组织管理、资源研究等。

八、红三叶种质资源利用情况登记表

种质名称					
提供单位		提供日期		提供数量	克 粒
提供种质类　型	地方品种□　育成品种□　高代品系□　国外引进品种□　野生种□　近缘植物□　遗传材料□　突变体□　其他□				
提供种质形　态	植株（苗）□　果实□　籽粒□　根□茎（插条）□　叶□　芽□　花（粉）□　组织□　细胞□　DNA□　其他□				
已编入国家资源目录□　　　国家统一编号：　　　未编入国家资源目录□					
已入国家种质资源库圃□　　　库圃位编号：　　　未入国家种质资源库圃□					
已入各作物或省(市、区)中期库□　　中期库位编号：　　未入中期库□					
提供种质的优异性状及利用价值：					
利用单位			利用时间		
利用目的					
利用途径：					
取得实际利用效果：					

种质利用单位盖章　　　　种质利用者签名：

年　　月　　日

参 考 文 献

[1] 洪绂曾，等．中国多年生草种栽培技术［M］．北京：中国农业科技出版社，1990．

[2] 王跃东．三叶草［M］．昆明：云南科技出版社，2000．

[3] 韩建国．实用牧草种子学［M］．北京：中国农业出版社，1998．

[4] 苏加楷．优良牧草栽培技术［M］．北京：农业出版社，1983．

[5] 赵东利，胡忠．迷果芹和红三叶的核型分析［J］．西北植物学报，2001，21（5）：1026-1027．

[6] 王志明，岳民勤．集饲用和药用价值于一体的牧草新秀——岷山红三叶，草业科学，2005，4（22）：33-35．

[7] 杜占池，樊江文．红三叶种群光合器官的动态特征［J］．草业学报，2004，1（13）：65-69．

[8] 杜占池，钟华平．红三叶人工草地群落营养元素积累量的分配与动态特征［J］．草业科学，2002，6（19）：24-26．

[9] 杜占池，樊江文，钟华平．红三叶和鸭茅矿质元素含量的相关性研究［J］．草业科学，2005，6（14）：34-40．

[10] 樊江文，杜占池，钟华平．红三叶和鸭茅生物量和叶面积时空结构特征［J］．草地学报，2004，3（12）：23-26．

[11] 樊江文．红三叶和鸭茅混播草地施肥优化模式的研究［J］．草业学报，1997，1（6）：1-9．

[12] 杜占池．李继由，钟华平．不同利用期对红三叶种群营养元素含量和积累速率的影响［J］．草地学报，1996，4（4）：52-54．

[13] 陈封证，李书华．红三叶中总异黄酮含量的测定［J］．乐山师范学院学报，2005，5（20）．

[14] 江月兰，何毅．红三叶品种比较试验［J］．草业科学，1997，5（14）．

图书在版编目（CIP）数据

红三叶种质资源描述规范和数据标准/全国畜牧总
站编著 . —北京：中国农业出版社，2014.6
ISBN 978-7-109-19224-9

Ⅰ.①红…　Ⅱ.①全…　Ⅲ.①豆科牧草－三叶草－种
质资源－描写－规范②豆科牧草－三叶草－种质资源－数
据－标准　Ⅳ.①S541-65

中国版本图书馆 CIP 数据核字（2014）第 109740 号

中国农业出版社出版
（北京市朝阳区麦子店街 18 号楼）
（邮政编码 100125）
责任编辑　赵　刚

中国农业出版社印刷厂印刷　新华书店北京发行所发行
2014 年 6 月第 1 版　2014 年 6 月北京第 1 次印刷

开本：850mm×1168mm 1/32　印张：4.375
字数：86 千字
定价：18.00 元

（凡本版图书出现印刷、装订错误，请向出版社发行部调换）